THE TEXT OF FROZEN DRINK

基本技術與多采多姿花樣

能量凍飲開店指導教本

根岸 清 KIYOSHI NEGISHI

瑞昇文化

序 ～能量凍飲的魅力～

如今「凍飲」在許多咖啡廳之間相當受歡迎。而「凍飲」有些會被稱為「格蘭尼達（Granita）」或者「冰沙（Smoothie）」，「凍飲」這個名稱說明了這種飲料的特徵正是將冰塊或者冷凍的水果混合在一起製作。

外觀和口感都Good!

凍飲的魅力就首先當然就是「清涼感」，玻璃杯中凍飲那清涼的外觀在視覺上就令人感受到美味。另外，將冰塊或者冷凍的水果打碎以後製作出來的凍飲，喝起來有著和其他飲料不同的舒暢感。那流過喉頭時獨特的口感也是極大的魅力。

另外「滿足度高」也是凍飲的優點。比方說，一般添加了冰塊的飲料就算總量是280mℓ，當中也可能放了20g冰塊5顆，液體量其實只有180mℓ。但若是凍飲，就連冰塊也是液體狀，因此能確實喝到280mℓ，讓人較為滿足。日本人喝飲料的量與日俱增，以往罐裝果汁只有180mℓ，如今的標準已增加到350mℓ，甚至連500mℓ裝的寶特瓶都大受歡迎。

外觀具備清涼感

獨特的口感

從這點來看，比較容易令人感到滿足的凍飲，具有商品上的優勢。順帶一提，在美國有很多人把凍飲當成健康飲料取代早餐，甚至有商店販售24盎司（680㎖）的大杯裝冰沙，實在令人驚訝。

種類豐富

另外凍飲也非常容易做出原創商品，是其一大特點。能夠使用各式各樣種類的材料製作，根據材料比例就能夠改變味道。活用其多樣化，也能夠讓不同店家發揮個性、提高商品價值。

本書收集的資訊是用來協助大家開發商品的「教科書」，可以參考書中介紹的基本知識和多樣化食譜，自己開發出獨具魅力的凍飲。

容易做出原創性

滿足度高

CONTENTS

CHAPTER III 凍飲Type 2 五花八門材料 066

CHAPTER IV 凍飲Type 3 冰沙 098

※ 閱讀本書以前的注意事項

●凍飲的食譜要根據需要的口味而改變使用材料及分量，本書中介紹的食譜還請作為參考之用。

●參考食譜的時候還請記得，凍飲除了使用的材料以外，完成度也會因為使用的機器不同而大異其趣。

●使用水果時請依需求事前處理果皮或種子。另外，水果的分量方面若是屬於要去掉果皮或種子的類型，那麼就是去皮去籽後的重量。

CHAPTER

I

凍飲的基本知識

Basic Knowledge of Frozen Drinks

本書介紹的3種凍飲

日本有時會將凍飲一律統稱為「冰沙」，但本書中使用材料來作為區分方式，將食譜分類為以下三種來介紹。

第一種是「格蘭尼達」（Granita），格蘭尼達的起源地是義大利西西里島，據說最一開始是將高山上的雪保存起來淋在柑橘上享用。原先是半水半冰花的狀態，在英文中稱為「slash」。本書當中將使用水果加上冰塊來製作、半水半冰狀態的凍飲分類為格蘭尼達介紹給大家。

第二種是目錄上命名為「五花八門材料」的凍飲。抹茶、蔬菜、咖啡、堅果類等，如文字所述是使用五花八門各種材料製作的凍飲。雖然會使用與這些材料相當對味的牛奶，不過和使用水果的格蘭尼達一樣會添加冰塊來製作。

第三種則是「冰沙」。冰沙的語源是Smoothie，意即滑順無結塊。這是在美國相當受歡迎、被當成健康飲料的凍飲。特徵就是使用結冰的水果及蔬菜來製作，幾乎沒有使用清冰。因此本書將這類型分類為冰沙。冰沙除了使用結冰的水果或蔬菜以外，也會使用新鮮水果或果汁、優格、甚至是牛奶或豆漿、又或添加杏仁奶製作，概念上是「均衡攝取一天所需之維他命、礦物質」的健康飲料。

以上就是本書中介紹的三種凍飲。其他主要材料還有糖漿及安定劑等。糖漿（＝甜度）和安定劑也會大幅影響凍飲的品質，接下來的「要點」就向大家解說相關基本知識。

Type 1 格蘭尼達

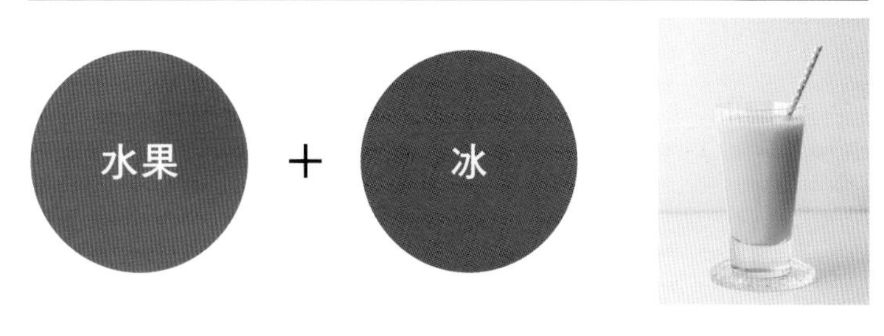

本書當中將使用水果等材料來添加冰塊製作的半水半冰狀態凍飲稱為「格蘭尼達」。其他主要材料還有糖漿、安定劑等。

Type 2 五花八門材料

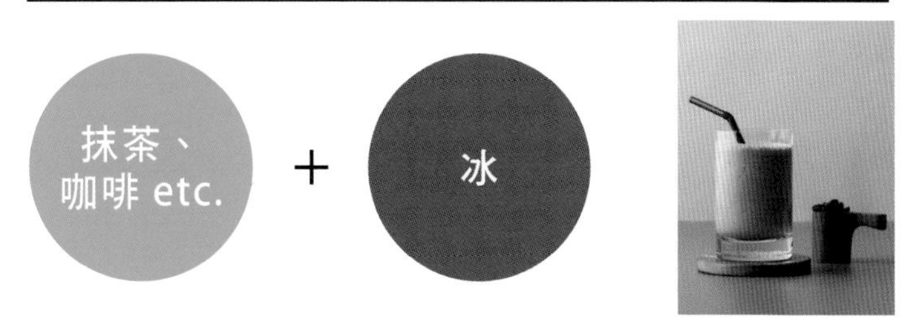

使用抹茶、咖啡、堅果等五花八門材料製作的凍飲。搭配相當對味的牛奶。和「格蘭尼達」一樣會使用冰塊。

Type 3 冰沙

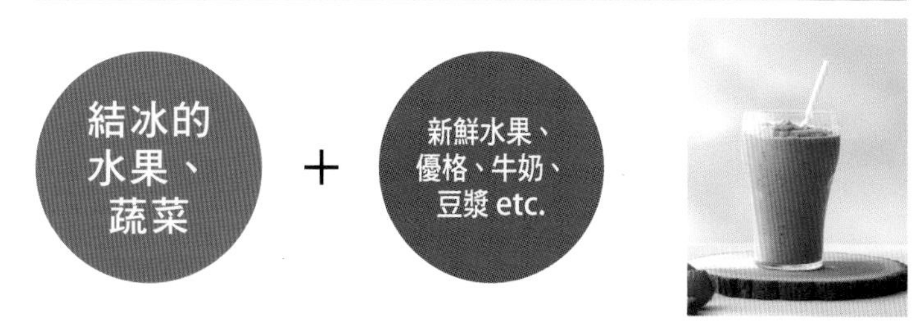

基本上使用結冰的水果或蔬菜來製作的凍飲，本書將其分類為「冰沙」。同時介紹在美國相當受歡迎的「冰沙碗」。

凍飲的要點

由低速迴轉到高速迴轉

製作凍飲的時候要將材料攪拌在一起。基本上製作的時候要先使用低速迴轉將材料混合在一起，之後才開始高速迴轉。如果一開始就用高速，冰塊等堅硬材料會飛起來空轉，這樣就沒辦法好好打碎，所以基本上一開始要用低速。

現在要製作凍飲，市面上已經有相當方便又具備高性能的專用攪拌機。本書使用的是迴轉速度和時間都能夠自行設定的凍飲專用攪拌機。在123頁的企劃當中也會介紹凍飲界中相當受到矚目的機器。要使用什麼樣的攪拌機或機器，會在店家考量下有所不同，無論要用哪種，都要先仔細調查產品特徵和使用方法，選擇符合自己店家使用的產品。

本書中使用的攪拌機，是Vitamix公司的「靜音攪拌器」（經銷商／（株）EPIC）。這是具備相當高性能的凍飲用攪拌機，同時達到「令人驚愕的寂靜無聲」。

先了解大概的「比例」

製作凍飲就是將材料混合在一起，製作方法本身並不困難，但是要自己思考食譜的時候，就有必須先明白的重要知識。其中之一就是「冰塊」的使用量。能否做出令人喝來暢快的凍飲，冰塊使用量是一大重點。

「格蘭尼達」型的「水與冰」重量比例大約是「水1：冰1」。簡單來說冰塊大概佔一半，就能做出口感舒暢的凍飲。但這是指「水」為20℃左右的常溫水。若使用的是5℃上下的冷藏「水」，那麼用「水1：冰1」的比例做出來的飲料會太硬。因此必須減少冰塊用量，修正為「水3：冰2」。

這裡雖然說的是「水」，但實際上製作格蘭尼達的時候，指的除了單純的水以外，還包含水果、果汁、牛奶、豆漿、糖漿等冰塊以外的材料。會寫「水1：冰1」、「水3：冰2」只是因為這樣比較好記，所以方便起見就全部都用「水」來解說。另外「水3：冰2」也可以記成「水6：冰4」，這樣在思考食譜的時候會比較容易計算分量。希望大家能先把這個大概的比例記載腦海中。

「些微調整」相當重要

接下來要告訴大家的事情更加重要。其實在製作凍飲的時候，必須進行「些微調整」。比方說製作凍飲的時候其實很常出現水果是冷藏的、而糖漿是常溫的情況，製作一杯凍飲卻要同時使用冷藏和常溫的東西。這種時候就要稍微調整一下前面所說的比例。

本書之中所介紹的格蘭尼達食譜，整體量300g則冰塊用量為135g。「水」的材料全部都是冷藏的話，只要採用「水6：冰4」的比例使用冰塊120g（「水」180g）就可以，不過因為會使用常溫的糖漿和水（單純的水），所以衡量以後稍微增加了

格蘭尼達的材料約略比例

※使用新鮮水果

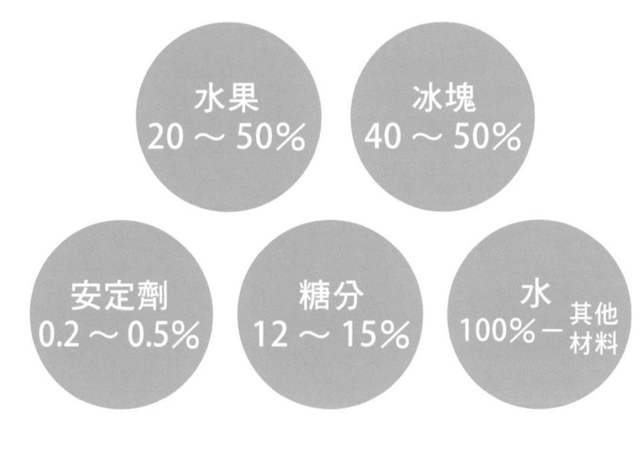

水果會依其風味及香氣強烈度而在使用量上有所差異，因此搭配比例幅度會是20～50%這麼寬。糖分量則是根據水果本身含糖量以糖漿進行調整。水果和糖漿的糖分總量大約占整體12～15%。

冰沙的材料約略比例

冷凍水果、蔬菜	40%
果汁、牛奶、豆漿、優格 etc.	60%

冰沙會使用果汁、牛奶、豆漿或優格等冷藏保存的材料，因此數值是基本比例。

格蘭尼達的「水與冰」約略比例（重量）

若「水」為常溫（20℃上下）

水 1 ： 冰 1

若「水」為冷藏（5℃上下）

水 3 ： 冰 2

※「水3：冰2」可以記成「水6：冰4」，這樣思考食譜的時候會比較好計算分量

製作格蘭尼達用的「水」

- 純水
- 水果
- 果汁
- 牛奶
- 糖漿

etc.

「水1：冰1」、「水3：冰2」只是為了方便記憶，所以把冰塊以外的材料都寫成「水」來說明（※如果使用抹茶粉末等物品，也是包含在上述「水」的分量當中）。使用這個約略比例作為基礎，依下表範例進行「些微調整」。

「些微調整」範例

- 以冷藏材料為主，但有使用部分常溫材料，所以採用「水3：冰2」的比例然後稍微增加一點冰塊
- 冷凍庫的溫度較低，冰塊「堅硬度」較高，所以稍微減少冰塊
- 做兩杯量的時候，攪拌器的容器溫度影響比較小，所以稍微減少冰塊

etc.

一點冰塊分量成為135g。

也要考量冰塊等「堅硬度」

另外，冰塊和冷凍水果的「堅硬度」差異也需要些微調整。由於冷凍庫的溫度較低，冰塊和冷凍水果比較「堅硬」的話就要減少冰塊；相反地若是比較「柔軟」的話，那最好增加一些冰塊。另外，是製作一杯凍飲還是兩杯，也會有所不同。如果要兩杯一起做，那麼攪拌器容器溫度的影響會比較小，因此有時候減少一些冰塊會比較好。要如何些微調整，也會因為使用的冷凍庫或攪拌器而產生差異，因此無法一概而論，不過還請記得這些原因都會影響完成品的狀態。

另外就是若使用帶黏性的根莖類等材料，就要減少冰塊量，這樣攪拌器會運轉的比較順一些。在製作過各式各樣的凍飲以後，應該也會比較熟悉要如何根據材料進行些微調整。

另一方面，製作冰沙的材料是冷凍的水果或蔬菜，其他則為新鮮水果、果汁、牛奶、豆漿、優格等，都是一些冷藏材料。因此基本比例就是「冷凍水果或蔬菜40％、其他材料60％」。

本書中介紹的冰沙並未使用冷藏優格，而是用加工品「冷凍優格」，相關解說請參考第99頁。

糖漿與安定劑用途

以下一併解說用來製作凍飲的「糖漿」和「安定劑」用途。

凍飲會比一般的冷飲還要來得冰，因此喝的時候會覺得甜度比較低。而甜度低的話也會覺得水果等香氣不是那麼強烈，因此需要一定程度的糖分。糖分大約占了整體12～15%，為了達到這個比例，必須使用糖漿。而糖漿使用量則取決於11頁介紹的水果含糖量。

另一方面，安定劑（本書使用的安定劑為「混合膠」）是為了不讓「水和冰」分離。如果不使用安定劑，過了一段時間以後冰塊就會浮起來、水分則沉下去。如果使用吸管喝的話就只能喝到液體、最後留下一堆冰塊，而且喝起來還水水的。為了避免發生這種情況，就要使用安定劑打造出濃稠度、延緩兩者的分離速度。但若使用過量導致黏度過高，口感就會變得很差、也不容易感受到風味，還請多加留意。

另外，若使用芒果或香蕉等本身具備黏稠度的水果，或者用牛奶、優格等搭配草莓這類具備酸味的水果，會因為蛋白質與酸結合而產生自然的黏稠度。這是很自然的「乳化」現象，如果會發生乳化，就不需要使用安定劑。

重要的水果知識

前面已經說明凍飲需要一定程度的糖分，但比例上並不會多到像雪酪那樣高。

理由就是一次喝下的分量大概是雪酪的3倍以上，而且和雪酪相比又沒有那麼冰，甜度感受還是會稍強烈一些。不過這正是使用水果等材料原始香氣美味的重點。因此以下解說凍飲中用來作為口味重點經常使用的「水果」相關重要知識。

「完熟」與「後熟」的知識

首先，水果會因其「成熟度」而有口味上的不同。若使用新鮮水果，培養出專家目光，在水果成熟到最美味時使用是相當重要的。

在這方面希望大家要先理解「完熟與後熟」的知識。完熟指的是果實或種子成熟的狀態，當中累積了充分的糖質、甜度充足，顏色轉深、香氣也很強烈。最理想的就

水果會因其「成熟度」而產生口味變化。但是有所謂收成後成熟和並非如此的水果。比方說香蕉就是後熟型水果，但草莓並不會。

水果的形態

新鮮

新鮮水果最大的魅力就是其美味。但有很多水果容易受損，因此最重要的就是調整每次的進貨量。判斷水果何時最為美味也非常重要。

冷凍

有完整也有切塊類型的商品，因為是冷凍品所以不會有任何浪費。冷凍保存的時候會結霜，因此最重要的是要乾燥。

果泥

有「冷凍」也有「常溫」的果泥。「冷凍」的風味比較接近新鮮水果。有些已經調整過糖份、或者已經添加糖分，使用的時候要先確認。

是請生產者從樹上採下完熟的水果，然後直接用來做凍飲。

但這只是理想，實際上大部份水果都在達到完熟以前就被採收下來，因為達到完熟狀態以後，水果就非常容易受損。

因此將未成熟的果實採收下來以後，放置在常溫下待其「後熟」就非常重要。雖然「後熟」無法達到和留在樹上完熟相同的狀態，但至少還是會比未成熟的狀態來得甜。比方說香蕉、李子、芒果、木瓜、哈密瓜、奇異果、西洋梨等就是需要後熟的水果。另一方面，草莓、藍莓、鳳梨、日本梨、蘋果、葡萄、西瓜等就是無法使其後熟的水果，採收後就算放在常溫下，甜度也不會增加，反而會降低其新鮮度，要多加留心。

還有「新鮮」水果以外的選擇

水果並非只能選擇「新鮮」的東西。新鮮水果最大的魅力就是其新鮮美味，但相反地處理起來非常麻煩、而且很容易產生必須丟掉的部分。最近「冷凍」水果和「果泥」的品質逐日上升，還請根據產品各自特徵來評估要使用哪一種。本書中介紹的格蘭尼達當中，也有使用完整冷凍水果或者冷凍果泥製作成的食譜（50頁）。

另外，在製作食譜的時候，也要根據不同水果的糖分量來決定糖漿使用量。水果糖度高低落差很大，所以最好先大概知道一下（參考右表）。

水果、蔬菜甜度（糖分）範例

品項	糖度	品項	糖度
番茄	5%	血橙	11%
草莓	8.5%	南瓜	13%
檸檬	8.6%	鳳梨	13%
木瓜	9%	奇異果	14%
杏子	9%	蘋果	14%
桃子	10%	西洋梨	14%
晚崙夏橙	10%	百香果	16%
李子	10%	甜玉米	16%
甜桃	10%	葡萄	16%
葡萄柚	10%	芒果	16%
覆盆莓	10%	香蕉	22%
藍莓	11%	地瓜	31%

（※ 以上為大略數值，並非絕對。）

CHAPTER

II

凍飲 | Type ❶

格蘭尼達

Frozen Drink
Type1

Granita

本書中介紹的「格蘭尼達」是「水果×冰」打造成的凍飲，使用各式各樣的水果製作而成。本章將其分類為「莓果類」、「柑橘etc.」、「熱帶系」、「葡萄、蘋果、桃子」、「其他水果」，介紹共超過25種格蘭尼達。

在本書中介紹的格蘭尼達食譜當中，果實量約為整體量（300g）的30～35％（90～105g）（有部分香氣較強的水果用量會減少）。基本上只要大概是這樣的果實量，就能充分感受到水果香氣。

但這只是大概的數值。比方說如果想要讓水果氣味更加強烈，那麼當然就要增加水果用量（而這當然會造成本上揚，還請自行評估）。或者進貨的水果在風味上較弱等，可能也要增加些用量會比較好。還請配合自己店家方針以及使用的水果品質來進行調整。

另外，要在店面推出商品的時候，也能夠採取「推薦您享用當季水果製成的格蘭尼達」、「使用本地名產水果」等方法，以季節感或者當地產銷作為商品魅力。另外就算是外觀看來不甚漂亮、也就是那些所謂B級品的水果，只要味道沒問題，一樣也能用來做凍飲。

為了提高商品價值、適當壓低成本，開發商品的時候可以在這些方面多加評估。

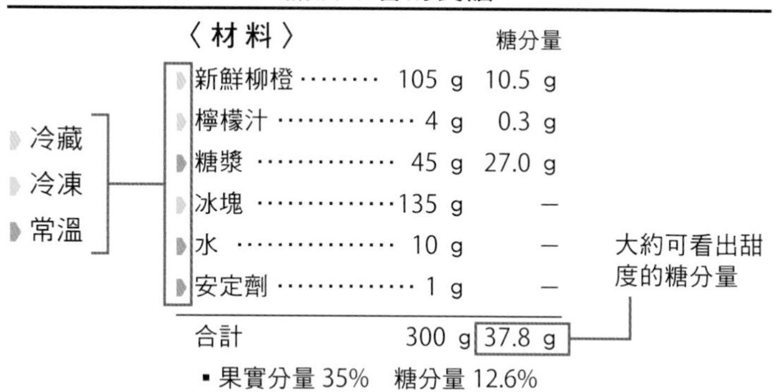

關於本書的食譜

〈材料〉

材料		糖分量
新鮮柳橙	105 g	10.5 g
檸檬汁	4 g	0.3 g
糖漿	45 g	27.0 g
冰塊	135 g	–
水	10 g	–
安定劑	1 g	–
合計	300 g	37.8 g

▪ 果實分量 35%　糖分量 12.6%

第 8 頁～「要點」中有解說，製作凍飲時，材料的溫度也很重要，因此食譜會標示出上述材料的溫度帶；另外也標出可大概看出甜度的糖分總量。格蘭尼達的主要材料是水果，因此食譜中也會計算出「果實分量」（不含檸檬汁）的比例。

使用糖漿（糖分60%）

水	400 g
細砂糖	600 g
合計	1000 g

本書使用的「安定劑」

安定劑商品五花八門，用量也會隨使用類型不同而有所改變。本書食譜中使用的安定劑是「混合膠」，可以溶於冷水發揮安定效果。食譜中的用量大約占整體量

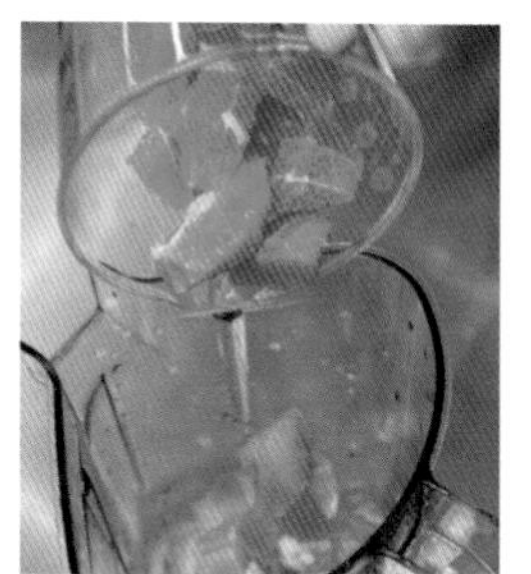

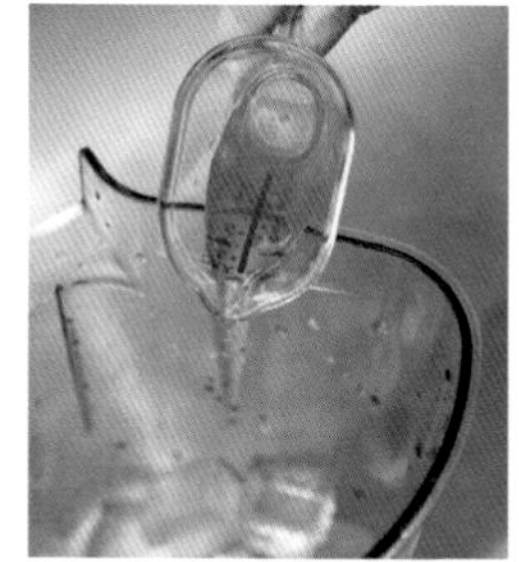

使用少許檸檬汁搭配水果。格蘭尼達會使用冰塊製作，為了補償水果被冰塊水份沖淡的酸味，就會添加檸檬汁。但若使用酸味較強的百香果等水果，就不需要添加檸檬汁。

BERRY

莓果類

日本人最喜歡草莓了，凍飲中使用草莓製作的商品也非常受歡迎。草莓會依其種類而有著不同口味，因此選擇材料非常重要。其他莓果類也都相當有個性，具備各自口味和顏色，可以開發出相當有魅力的凍飲。

♦草莓格蘭尼達

Strawberry Granita

〈材料〉

		糖分量
新鮮草莓	105 g	8.9 g
檸檬汁	4 g	0.3 g
糖漿	50 g	30.0 g
冰塊	135 g	—
水	5 g	—
安定劑	1 g	—
合計	300 g	39.2 g

▪ 果實分量 35.0%
糖分量 13.1%

◆藍莓格蘭尼達

Blueberry Granita

〈材料〉

材料		糖分量
新鮮藍莓	105 g	11.6 g
檸檬汁	4 g	0.3 g
糖漿	45 g	27.0 g
冰塊	135 g	—
水	10 g	—
安定劑	1 g	—
合計	300 g	38.9 g

- 果實分量 35.0%
  糖分量 13.0%

藍莓含有的花青素成分據說對眼睛很好，另外還有著和其他莓果類顏色大異其趣的特徵。

♦覆盆莓
格蘭尼達

Raspberry Granita

〈材料〉

		糖分量
新鮮覆盆莓	90 g	9.0 g
檸檬汁	4 g	0.3 g
糖漿	50 g	30.0 g
冰塊	135 g	—
水	20 g	—
安定劑	1 g	—
合計	300 g	39.3 g

- 果實分量 30.0%
  糖分量 13.1%

◆綜合莓果格蘭尼達

Mixberry Granita

〈材料〉

材料	份量	糖分量
新鮮草莓	45 g	3.8 g
新鮮覆盆莓	30 g	3.0 g
新鮮藍莓	30 g	3.3 g
檸檬汁	4 g	0.3 g
糖漿	50 g	30.0 g
冰塊	135 g	—
水	5 g	—
安定劑	1 g	—
合計	300 g	40.4 g

- 果實分量 35.0%
  糖分量 13.5%

也可以做水果×牛奶的牛奶版！

〈材料〉

		糖分量
新鮮草莓	90 g	7.7 g
細砂糖	30 g	30.0 g
牛奶	45 g	0.0 g
冰塊	135 g	—
合計	300 g	37.7 g

▪ 果實分量 30.0%／
糖分量 12.6%

草莓的酸味和牛奶的蛋白質搭配在一起，會變得有些像優格（乳化），因此不使用安定劑。也不使用檸檬汁。另外，這份食譜當中使用了牛奶，因此也不使用糖漿而以細砂糖取代。

水果當中有許多都與牛奶非常對味，比方說「草莓牛奶」就是男女老少都喜歡的東西。

本書中介紹的草莓格蘭尼達（15頁）也可以使用左邊這份食譜，添加牛奶做成草莓牛奶口味。其他的水果也可以做成添加牛奶的版本。

Strawberry & Milk Granita

♦柳橙格蘭尼達

Orange Granita

ORANGE

柑橘 etc.

「柳橙格蘭尼達」的魅力就在於柳橙清爽的酸味。能夠讓人享用更加爽快的美味。血橙、橘子、椪柑等等也都可以拿來做。本章同時向大家介紹一樣有著爽快感的葡萄柚及檸檬做成的格蘭尼達。

柳橙剝去外皮以後，將每片果肉切成適當大小。上圖右邊照片的白色纖維部分，若是柳橙的話可以不用去乾淨也沒關係。但若是25P介紹的葡萄柚，那麼切掉白色部分，口味會比較好。

〈材料〉

材料	份量	糖分量
新鮮柳橙	105 g	10.5 g
檸檬汁	4 g	0.3 g
糖漿	45 g	27.0 g
冰塊	135 g	—
水	10 g	—
安定劑	1 g	—
合計	300 g	37.8 g

- 果實分量 35.0%
  糖分量 12.6%

血橙格蘭尼達

Blood Orange Granita

〈材料〉

材料	重量	糖分量
新鮮血橙	105 g	11.6 g
檸檬汁	4 g	0.3 g
糖漿	45 g	27.0 g
冰塊	135 g	—
水	10 g	—
安定劑	1 g	—
合計	300 g	38.9 g

- 果實分量 35.0%
  糖分量 13.0%

♦橘子格蘭尼達
Mandarin Orange Granita

〈材料〉

		糖分量
新鮮橘子	105 g	12.6 g
檸檬汁	4 g	0.3 g
糖漿	40 g	24.0 g
冰塊	135 g	—
水	15 g	—
安定劑	1 g	—
合計	300 g	36.9 g

- 果實分量 35.0%
  糖分量 12.3%

◆椪柑格蘭尼達

Ponkan Granita

〈材料〉

材料		糖分量
新鮮椪柑	105 g	10.5 g
檸檬汁	4 g	0.3 g
糖漿	45 g	27.0 g
冰塊	135 g	—
水	10 g	—
安定劑	1 g	—
合計	300 g	37.8 g

▪ 果實分量 35.0%
糖分量 12.6%

♦葡萄柚 格蘭尼達

Grapefruit Granita

〈材料〉

		糖分量
新鮮葡萄柚	105 g	10.5 g
檸檬汁	4 g	0.3 g
糖漿	45 g	27.0 g
冰塊	135 g	—
水	10 g	—
安定劑	1 g	—
合計	300 g	37.8 g

▪ 果實分量 35.0%
糖分量 12.6%

◆檸檬格蘭尼達

Lemon Granita

〈材料〉

材料		糖分量
新鮮檸檬汁	33 g	2.8 g
檸檬皮（磨碎）	1 g	0.1 g
糖漿	60 g	36.0 g
冰塊	140 g	—
水	65 g	—
安定劑	1 g	—
合計	300 g	38.9 g

▪ 果實分量 11.0%
糖分量 13.0%

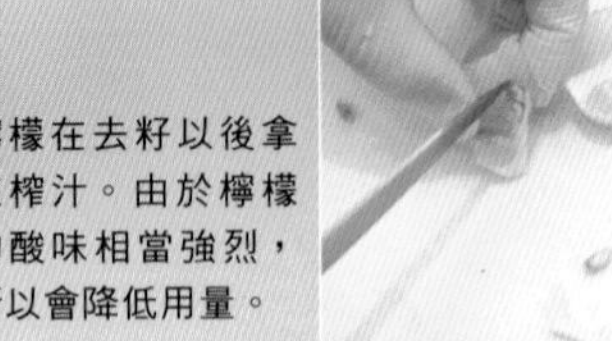

檸檬在去籽以後拿來榨汁。由於檸檬的酸味相當強烈，所以會降低用量。

西西里式檸檬格蘭尼達與布里歐

格蘭尼達的發源地據說是義大利的西西里島。在西西里島上會同時品嘗檸檬格蘭尼達與布里歐。

布里歐使用牛奶製作、口味溫和，與清爽的檸檬格蘭尼達搭配在一起，是能讓人身心放鬆的口味。或許也可以藉此享受一下在西西里度假的風情。

Lemon Granita & Brioche

〈材料〉

		糖分量
新鮮鳳梨 ……	105 g	13.7 g
檸檬汁 …………	4 g	0.3 g
糖漿 …………	40 g	24.0 g
冰塊 …………	135 g	—
水 ……………	15 g	—
安定劑 …………	1 g	—
合計	300 g	38.0 g

▪ 果實分量 35.0%／糖分量 12.7%

鳳梨是不會後熟的水果。最重要的就是購買當下的風味及甜度。選擇方式是要先挑葉片還在的新鮮鳳梨。接下來就是長出葉片之處的◇圖樣越大，表示越成熟、通常也越甜。

TROPICAL

熱帶系

鳳梨、木瓜、芒果、百香果等格蘭尼達歸類在「熱帶系」。這些是能夠打造出南國風情的凍飲。另外也介紹「火龍果＋百香果」等使用多種水果組合成的食譜。

♦鳳梨格蘭尼達
Pineapple Granita

♦木瓜格蘭尼達

Papaya Granita

〈材料〉

材料		糖分量
新鮮木瓜	90 g	8.1 g
檸檬汁	4 g	0.3 g
糖漿	50 g	30.0 g
冰塊	135 g	—
水	20 g	—
安定劑	1 g	—
合計	300 g	38.4 g

- 果實分量 30.0%
  糖分量 12.8%

♦百香果格蘭尼達

Passion Fruit Granita

凍飲 Type 1 格蘭尼達

〈材料〉

材料	分量	糖分量
新鮮百香果	75 g	12.0 g
糖漿	45 g	27.0 g
冰塊	135 g	—
水	44 g	—
安定劑	1 g	—
合計	300 g	39.0 g

- 果實分量 25.0%
  糖分量 13.0%

♦芒果 格蘭尼達

Mango Granita

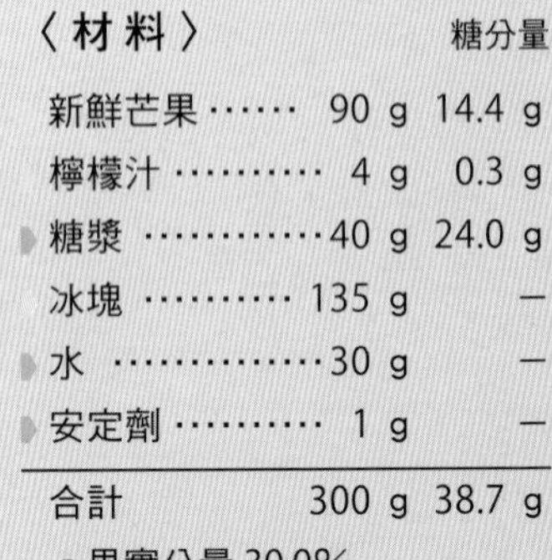

〈材料〉

		糖分量
新鮮芒果	90 g	14.4 g
檸檬汁	4 g	0.3 g
糖漿	40 g	24.0 g
冰塊	135 g	—
水	30 g	—
安定劑	1 g	—
合計	300 g	38.7 g

▪ 果實分量 30.0%
糖分量 12.9%

♦芒果 & 百香果格蘭尼達

〈材料〉

		糖分量
新鮮芒果	60 g	9.6 g
新鮮百香果	30 g	4.8 g
糖漿	40 g	24.0 g
冰塊	135 g	—
水	34 g	—
安定劑	1 g	—
合計	300 g	38.4 g

▪ 果實分量 30.0%
糖分量 12.8%

將芒果與百香果搭配在一起，也能做出相當美味的格蘭尼達。由於百香果氣味強烈，因此降低用量。

♦火龍果 & 百香果 格蘭尼達

Dragon Fruit & Passion Fruit Granita

〈材料〉		糖分量
新鮮火龍果（紅）	60 g	6.0 g
新鮮百香果	30 g	4.8 g
糖漿	45 g	27.0 g
冰塊	135 g	—
水	29 g	—
安定劑	1 g	—
合計	300 g	37.8 g

- 果實分量 30.0%
  糖分量 12.6%

火龍果有著獨特的香氣，與其他水果搭配在一起會更加順口，同時又能帶出獨特的色調。

♦奇異果格蘭尼達

Kiwi Fruit Granita

〈材料〉

材料		糖分量
新鮮奇異果	90 g	12.6 g
檸檬汁	4 g	0.3 g
糖漿	45 g	27.0 g
冰塊	135 g	—
水	25 g	—
安定劑	1 g	—
合計	300 g	39.9 g

▪ 果實分量 30.0%
糖分量 13.3%

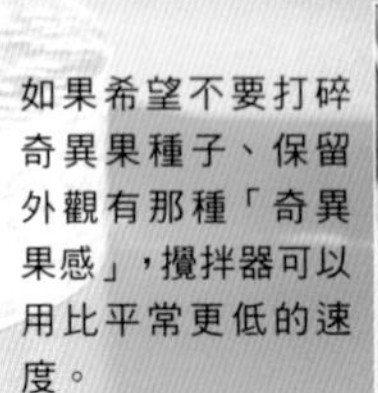

如果希望不要打碎奇異果種子、保留外觀有那種「奇異果感」，攪拌器可以用比平常更低的速度。

♦熱帶水果格蘭尼達

Tropical Granita

〈材料〉

		糖分量
新鮮芒果	30 g	4.8 g
新鮮木瓜	30 g	2.7 g
新鮮鳳梨	30 g	3.9 g
檸檬汁	4 g	0.3 g
糖漿	45 g	27.0 g
冰塊	135 g	—
水	25 g	—
安定劑	1 g	—
合計	300 g	38.7 g

- 果實分量 30.0%
  糖分量 12.9%

GRAPE APPLE PEACH

葡萄、蘋果、桃子

日本人特別熟悉的「葡萄、蘋果、桃子」，正因為都是些日本人吃習慣的水果，所以做成和直接食用時口感大不相同的凍飲，其美味也令人驚艷。葡萄、蘋果和桃子都有許多顏色相異的品種，也可以在開發商品的時候活用不同品種。

◆麝香葡萄格蘭尼達（左）
◆紅葡萄格蘭尼達（右）

Grape Granita

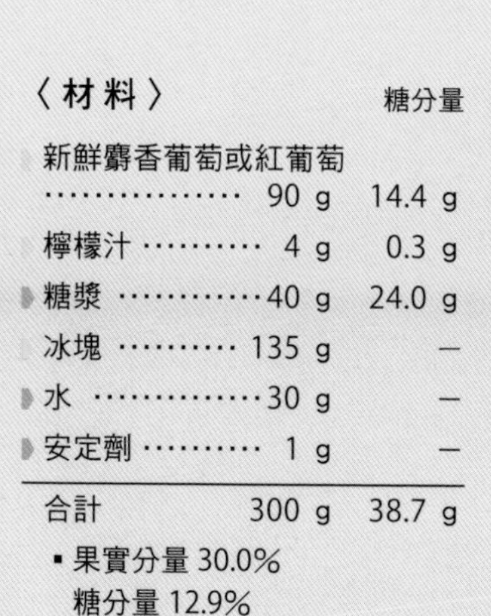

〈材料〉

		糖分量
新鮮麝香葡萄或紅葡萄	90 g	14.4 g
檸檬汁	4 g	0.3 g
糖漿	40 g	24.0 g
冰塊	135 g	—
水	30 g	—
安定劑	1 g	—
合計	300 g	38.7 g

▪ 果實分量 30.0%
糖分量 12.9%

麝香葡萄和紅葡萄，一樣都是葡萄但是口味相去甚遠，做成凍飲也能夠享用到不同美味。兩者都是連皮一起使用。

♦蘋果（黃王）格蘭尼達（左）
♦蘋果（紅玉）格蘭尼達（右）

Apple Granita

〈材料〉

材料		糖分量
新鮮蘋果（黃王 or 紅玉）	90 g	12.6 g
檸檬汁	4 g	0.3 g
糖漿	40 g	24.0 g
冰塊	135 g	—
水	30 g	—
安定劑	1 g	—
合計	300 g	38.7 g

▪ 果實分量 30.0%／糖分量 12.9%

左邊照片是「黃王」和「紅玉」。右邊照片由右至左是「紅玉」、「秋映」、「富士」。開發商品的時候也可以嘗試用不同品種來確認口味變化。

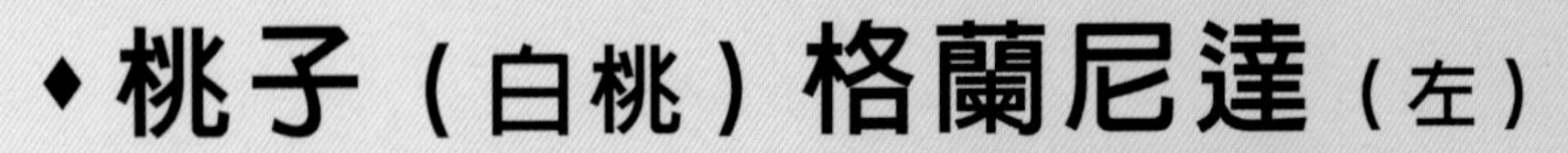

◆桃子（白桃）格蘭尼達（左）
◆桃子（黃桃）格蘭尼達（右）

Peach Granita

〈材料〉		糖分量
新鮮白桃 or 新鮮黃桃	105 g	10.5 g
檸檬汁	4 g	0.3 g
糖漿	45 g	27.0 g
冰塊	135 g	—
水	10 g	—
安定劑	1 g	—
合計	300 g	37.8 g

▪ 果實分量 35.0%
糖分量 12.6%

◆甜桃格蘭尼達

Nectarine Granita

凍飲 Type 1 格蘭尼達

〈材料〉

材料		糖分量
新鮮甜桃	105 g	10.5 g
檸檬汁	4 g	0.3 g
糖漿	45 g	27.0 g
冰塊	135 g	—
水	10 g	—
安定劑	1 g	—
合計	300 g	37.8 g

- 果實分量 35.0%
  糖分量 12.6%

BANANA PLUM APRICOT ETC.

其他水果

口味柔和而有許多人喜愛的香蕉、特徵是顏色相當有個性的李子、酸甜美味的杏子、與日本梨有著不同甜味與香氣的西洋梨、用來做飲品比較少見的無花果。「其他水果」也都能做成獨具魅力的格蘭尼達。

〈材料〉

材料	份量	糖分量
新鮮香蕉	90 g	19.8 g
檸檬汁	4 g	0.3 g
糖漿	30 g	18.0 g
冰塊	135 g	—
水	40 g	—
安定劑	1 g	—
合計	300 g	38.1 g

- 果實分量 30.0%
  糖分量 12.7%

♦香蕉格蘭尼達

Banana Granita

♦李子格蘭尼達
Plum Granita

〈材料〉		糖分量
新鮮李子	75 g	7.5 g
檸檬汁	4 g	0.3 g
糖漿	50 g	30.0 g
冰塊	135 g	—
水	35 g	—
安定劑	1 g	—
合計	300 g	37.8 g

- 果實分量 25.0%
  糖分量 12.6%

♦ 杏子格蘭尼達

Apricot Granita

〈材料〉

		糖分量
新鮮杏子	75 g	6.8 g
檸檬汁	4 g	0.3 g
糖漿	55 g	33.0 g
冰塊	135 g	—
水	30 g	—
安定劑	1 g	—
合計	300 g	40.1 g

- 果實分量 25.0%
  糖分量 13.4%

♦西洋梨格蘭尼達

La France Granita

〈材料〉

材料	份量	糖分量
新鮮西洋梨	90 g	12.6 g
檸檬汁	4 g	0.3 g
糖漿	45 g	27.0 g
冰塊	135 g	－
水	25 g	－
安定劑	1 g	－
合計	300 g	39.9 g

▪ 果實分量 30.0%
糖分量 13.3%

♦無花果 & 葡萄格蘭尼達

Fig & Grape Granita

〈材料〉

		糖分量
新鮮無花果	60 g	8.4 g
葡萄	30 g	4.8 g
檸檬汁	4 g	0.3 g
糖漿	45 g	27.0 g
冰塊	135 g	—
水	25 g	—
安定劑	1 g	—
合計	300 g	40.5 g

- 果實分量 30.0%
  糖分量 13.5%

水果茶格蘭尼達也相當美味

桃子茶或檸檬茶粉末也能夠製作格蘭尼達。帶有水果茶那種優雅香氣的格蘭尼達，能夠給人一種嶄新感受。

由於這是製作起來比較簡單的格蘭尼達，因此想要盡可能不花功夫但增加菜單種類的時候，這類品項就很珍貴，成本低對於店家來說也很有利。

〈材料〉

		糖分量
桃子茶 or 檸檬茶粉	30 g	27.0 g
糖漿	20 g	12.0 g
冰塊	150 g	—
水	99 g	—
安定劑	1 g	—
合計	300 g	39.0 g

▪ 糖分量 13.0%

※「桃子茶格蘭尼達」（左）放了柳橙片、「檸檬茶格蘭尼達」（右）放了檸檬片。

♦桃子茶格蘭尼達（左）
♦檸檬茶格蘭尼達（右）

Lemon Tea Granita / Peach Tea Granita

ANOTHER GRANITA RECIPE

使用冷凍水果 & 果泥製作的格蘭尼達食譜

以下將先前介紹的格蘭尼達，改為採用「冷凍水果 & 果泥」來製作時的食譜。由於使用冷凍水果，因此與使用新鮮水果最大的差異，就是降低冰塊用量。另外，本處介紹的食譜中，水果糖分量並非 11P 介紹的糖分量數值，而是根據使用產品的糖分量數值進行計算。

Frozen Fruits & Puree

本書中介紹的食譜裡使用的水果冷凍果泥、冷凍水果大多使用「les vergers boiron」（日法商事（株））商品。

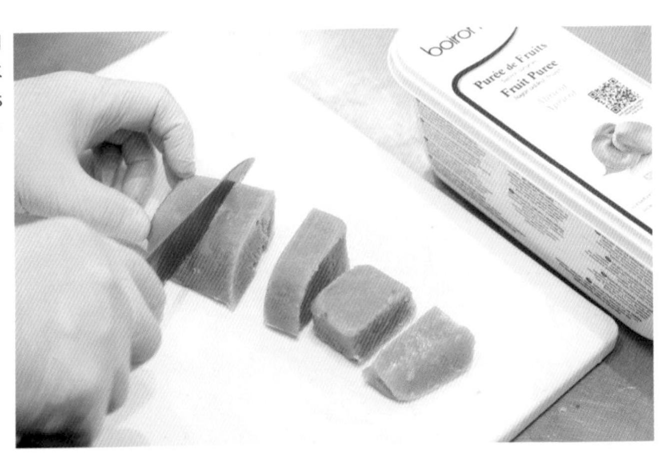

莓果類

♦覆盆莓格蘭尼達

〈材料〉

		糖分量
冷凍覆盆莓	90 g	9.0 g
檸檬汁	4 g	0.3 g
糖漿	50 g	30.0 g
冰塊	60 g	—
水	95 g	—
安定劑	1 g	—
合計	300 g	39.3 g

▪ 果實分量 30.0%／糖分量 13.1%

♦草莓格蘭尼達

〈材料〉

		糖分量
冷凍草莓	105 g	8.9 g
檸檬汁	4 g	0.3 g
糖漿	50 g	30.0 g
冰塊	45 g	—
水	95 g	—
安定劑	1 g	—
合計	300 g	39.2 g

▪ 果實分量 35.0%／糖分量 13.1%

♦綜合莓果格蘭尼達

〈材料〉

		糖分量
冷凍草莓	45 g	3.8 g
冷凍覆盆莓	30 g	3.0 g
冷凍藍莓	30 g	3.3 g
檸檬汁	4 g	0.3 g
糖漿	50 g	30.0 g
冰塊	45 g	—
水	100 g	—
安定劑	1 g	—
合計	300 g	40.4 g

▪ 果實分量 35.0%／糖分量 13.4%

♦藍莓格蘭尼達

〈材料〉

		糖分量
冷凍藍莓	105 g	11.6 g
檸檬汁	4 g	0.3 g
糖漿	45 g	27.0 g
冰塊	45 g	—
水	100 g	—
安定劑	1 g	—
合計	300 g	38.9 g

▪ 果實分量 35.0%／糖分量 13.0%

也可以在當季的時候買下新鮮水果，自己冷凍起來。若要冷凍草莓等水果，可以先分好單次使用量，加好砂糖以後再冷凍，會比較方便。

業務用的冷凍水果可以省去前置處理的功夫，也不像新鮮水果會產生大量廚餘，是最大的優勢。

柑橘 etc.

♦椪柑格蘭尼達

〈材料〉		糖分量
冷凍塊狀椪柑	105 g	10.5 g
檸檬汁	4 g	0.3 g
糖漿	45 g	27.0 g
冰塊	45 g	—
水	100 g	—
安定劑	1 g	—
合計	300 g	37.8 g

▪ 果實分量 35.0%／糖分量 12.6%

♦柳橙格蘭尼達

〈材料〉		糖分量
冷凍塊狀柑橘	105 g	10.5 g
檸檬汁	4 g	0.3 g
糖漿	45 g	27.0 g
冰塊	45 g	—
水	100 g	—
安定劑	1 g	—
合計	300 g	37.8 g

▪ 果實分量 35.0%／糖分量 12.6%

♦葡萄柚格蘭尼達

〈材料〉		糖分量
冷凍塊狀葡萄柚	105 g	10.5 g
檸檬汁	4 g	0.3 g
糖漿	45 g	27.0 g
冰塊	45 g	—
水	100 g	—
安定劑	1 g	—
合計	300 g	37.8 g

▪ 果實分量 35.0%／糖分量 12.6%

♦血橙格蘭尼達

〈材料〉		糖分量
冷凍塊狀血橙	105 g	11.6 g
檸檬汁	4 g	0.3 g
糖漿	45 g	27.0 g
冰塊	45 g	—
水	100 g	—
安定劑	1 g	—
合計	300 g	38.9 g

▪ 果實分量 35.0%／糖分量 13.0%

♦檸檬格蘭尼達

※26頁的「檸檬格蘭尼達」基本上大多使用新鮮檸檬汁製作，因此本頁不刊載冷凍食譜。

♦橘子格蘭尼達

〈材料〉		糖分量
冷凍塊狀橘子	105 g	12.6 g
檸檬汁	4 g	0.3 g
糖漿	40 g	24.0 g
冰塊	45 g	—
水	105 g	—
安定劑	1 g	—
合計	300 g	36.9 g

▪ 果實分量 35.0%／糖分量 12.3%

熱帶系

◆芒果格蘭尼達

〈材料〉

		糖分量
冷凍芒果果泥	105 g	20.0 g
檸檬汁	4 g	0.3 g
糖漿	30 g	18.0 g
冰塊	45 g	—
水	115 g	—
安定劑	1 g	—
合計	300 g	38.3 g

▪ 果實分量 35.0%／糖分量 12.8%

◆鳳梨格蘭尼達

〈材料〉

		糖分量
冷凍塊狀鳳梨	105 g	13.7 g
檸檬汁	4 g	0.3 g
糖漿	40 g	24.0 g
冰塊	45 g	—
水	105 g	—
安定劑	1 g	—
合計	300 g	38.0 g

▪ 果實分量 35.0%／糖分量 12.7%

◆芒果 & 百香果格蘭尼達

〈材料〉

		糖分量
冷凍芒果果泥	60 g	11.4 g
冷凍百香果果泥	30 g	3.9 g
糖漿	40 g	24.0 g
冰塊	60 g	—
水	109 g	—
安定劑	1 g	—
合計	300 g	39.3 g

▪ 果實分量 30.0%／糖分量 13.1%

◆木瓜格蘭尼達

〈材料〉

		糖分量
冷凍塊狀木瓜	90 g	8.1 g
檸檬汁	4 g	0.3 g
糖漿	50 g	30.0 g
冰塊	60 g	—
水	95 g	—
安定劑	1 g	—
合計	300 g	38.4 g

▪ 果實分量 30.0%／糖分量 12.8%

◆火龍果 & 百香果格蘭尼達

〈材料〉

		糖分量
冷凍塊狀火龍果（紅）	60 g	6.0 g
冷凍百香果果泥	30 g	3.9 g
糖漿	50 g	30.0 g
冰塊	60 g	—
水	99 g	—
安定劑	1 g	—
合計	300 g	39.9 g

▪ 果實分量 30.0%／糖分量 13.3%

◆百香果格蘭尼達

〈材料〉

		糖分量
冷凍百香果果泥	75 g	9.8 g
糖漿	50 g	30.0 g
冰塊	75 g	—
水	99 g	—
安定劑	1 g	—
合計	300 g	39.8 g

▪ 果實分量 25.0%／糖分量 13.3%

♦熱帶水果格蘭尼達

〈材料〉		糖分量
冷凍芒果果泥	30 g	5.7 g
冷凍塊狀木瓜加糖	30 g	4.5 g
冷凍塊狀鳳梨	30 g	3.9 g
檸檬汁	4 g	0.3 g
糖漿	40 g	24.0 g
冰塊	60 g	—
水	105 g	—
安定劑	1 g	—
合計	300 g	38.4 g

▪ 果實分量 30.0%／糖分量 12.8%

♦奇異果格蘭尼達

〈材料〉		糖分量
冷凍塊狀奇異果	90 g	12.6 g
檸檬汁	4 g	0.3 g
糖漿	45 g	27.0 g
冰塊	60 g	—
水	100 g	—
安定劑	1 g	—
合計	300 g	39.9 g

▪ 果實分量 30.0%／糖分量 13.3%

葡萄、蘋果、桃子

♦桃子（白桃）格蘭尼達
桃子（黃桃）格蘭尼達

〈材料〉		糖分量
冷凍桃子果泥白桃 or 黃桃加糖	120 g	19.2 g
檸檬汁	4 g	0.3 g
糖漿	35 g	21.0 g
冰塊	30 g	—
水	110 g	—
安定劑	1 g	—
合計	300 g	40.5 g

▪ 果實分量 40.0%／糖分量 13.5%

♦麝香葡萄格蘭尼達
紅葡萄格蘭尼達

〈材料〉		糖分量
冷凍麝香葡萄 or 紅葡萄	90 g	14.4 g
檸檬汁	4 g	0.3 g
糖漿	40 g	24.0 g
冰塊	60 g	—
水	105 g	—
安定劑	1 g	—
合計	300 g	38.7 g

▪ 果實分量 30.0%／糖分量 12.9%

♦甜桃格蘭尼達

〈材料〉		糖分量
冷凍塊狀甜桃	105 g	10.5 g
檸檬汁	4 g	0.3 g
糖漿	45 g	27.0 g
冰塊	45 g	—
水	100 g	—
安定劑	1 g	—
合計	300 g	37.8 g

▪ 果實分量 35.0%／糖分量 12.6%

♦蘋果（黃王）格蘭尼達
蘋果（紅玉）格蘭尼達

〈材料〉		糖分量
冷凍蘋果塊（黃王 or 紅玉）	90 g	12.6 g
檸檬汁	4 g	0.3 g
糖漿	45 g	27.0 g
冰塊	60 g	—
水	100 g	—
安定劑	1 g	—
合計	300 g	39.9 g

▪ 果實分量 30.0%／糖分量 13.3%

其他水果

◆西洋梨格蘭尼達

〈材料〉

材料	份量	糖分量
冷凍塊狀西洋梨	90 g	12.6 g
檸檬汁	4 g	0.3 g
糖漿	45 g	27.0 g
冰塊	60 g	—
水	100 g	—
安定劑	1 g	—
合計	300 g	39.9 g

▪ 果實分量 30.0%／糖分量 13.3%

◆香蕉格蘭尼達

〈材料〉

材料	份量	糖分量
冷凍切片香蕉	90 g	19.8 g
檸檬汁	4 g	0.3 g
糖漿	30 g	18.0 g
冰塊	60 g	—
水	115 g	—
安定劑	1 g	—
合計	300 g	38.1 g

▪ 果實分量 30.0%／糖分量 12.7%

◆無花果 & 葡萄格蘭尼達

〈材料〉

材料	份量	糖分量
冷凍塊狀無花果	60 g	8.4 g
冷凍葡萄	30 g	4.8 g
檸檬汁	4 g	0.3 g
糖漿	45 g	27.0 g
冰塊	60 g	—
水	100 g	—
安定劑	1 g	—
合計	300 g	40.5 g

▪ 果實分量 30.0%／糖分量 13.5%

◆李子格蘭尼達

〈材料〉

材料	份量	糖分量
冷凍李子	75 g	7.5 g
檸檬汁	4 g	0.3 g
糖漿	50 g	30.0 g
冰塊	75 g	—
水	95 g	—
安定劑	1 g	—
合計	300 g	37.8 g

▪ 果實分量 25.0%／糖分量 12.6%

無花果等市面上較少見的水果，如果使用冷凍水果也比較容易取得。

◆杏子格蘭尼達

〈材料〉

材料	份量	糖分量
冷凍杏子果泥加糖	90 g	18.0 g
檸檬汁	4 g	0.3 g
糖漿	35 g	21.0 g
冰塊	60 g	—
水	110 g	—
安定劑	1 g	—
合計	300 g	39.3 g

▪ 果實分量 30.0%／糖分量 13.1%

YOGURT GRANITA RECIPE

使用優格製作的格蘭尼達食譜

以下介紹的是使用優格來製作格蘭尼達的食譜。加上優格那柔和的酸味以後，就能打造出另一種口味的格蘭尼達。使用健康效果廣為人知的優格，也能夠提高健康食品感。

※ 此處介紹的是使用「冷凍水果 & 果泥」製作的食譜，但是當然也可以使用新鮮水果來製作。
還請記得調整冰塊等分量。

莓果類

♦藍莓格蘭尼達

〈材料〉		糖分量
冷凍藍莓	105 g	11.6 g
檸檬汁	4 g	0.3 g
糖漿	45 g	27.0 g
冰塊	30 g	—
無脂肪優格	115 g	—
安定劑	1 g	—
合計	300 g	38.9 g

▪ 果實分量 35.0%／糖分量 13.0%

♦草莓格蘭尼達

〈材料〉		糖分量
冷凍草莓	105 g	8.9 g
檸檬汁	4 g	0.3 g
糖漿	50 g	30.0 g
冰塊	30 g	—
無脂肪優格	110 g	—
安定劑	1 g	—
合計	300 g	39.2 g

▪ 果實分量 35.0%／糖分量 13.1%

♦覆盆莓格蘭尼達

〈材料〉		糖分量
冷凍覆盆莓	90 g	9.0 g
檸檬汁	4 g	0.3 g
糖漿	50 g	30.0 g
冰塊	45 g	—
無脂肪優格	110 g	—
安定劑	1 g	—
合計	300 g	39.3 g

▪ 果實分量 30.0%／糖分量 13.1%

♦綜合莓果格蘭尼達

〈材料〉		糖分量
冷凍草莓	45 g	3.8 g
冷凍覆盆莓	30 g	3.0 g
冷凍藍莓	30 g	3.3 g
檸檬汁	4 g	0.3 g
糖漿	50 g	30.0 g
冰塊	30 g	—
無脂肪優格	110 g	—
安定劑	1 g	—
合計	300 g	40.4 g

▪ 果實分量 35.0%／糖分量 13.5%

柑橘 etc.

◆椪柑優格

〈材料〉		糖分量
冷凍塊狀椪柑	105 g	10.5 g
檸檬汁	4 g	0.3 g
糖漿	45 g	27.0 g
冰塊	30 g	—
無脂肪優格	115 g	—
安定劑	1 g	—
合計	300 g	37.8 g

▪ 果實分量 35.0%／糖分量 12.4%

◆柳橙優格

〈材料〉		糖分量
冷凍塊狀柳橙	105 g	10.5 g
檸檬汁	4 g	0.3 g
糖漿	45 g	27.0 g
冰塊	30 g	—
無脂肪優格	115 g	—
安定劑	1 g	—
合計	300 g	37.8 g

▪ 果實分量 35.0%／糖分量 12.6%

◆葡萄柚優格

〈材料〉		糖分量
冷凍葡萄柚塊	105 g	10.5 g
檸檬汁	4 g	0.3 g
糖漿	45 g	27.0 g
冰塊	30 g	—
無脂肪優格	115 g	—
安定劑	1 g	—
合計	300 g	37.8 g

▪ 果實分量 35.0%／糖分量 12.6%

◆血橙優格

〈材料〉		糖分量
冷凍塊狀血橙	90 g	9.9 g
檸檬汁	4 g	0.3 g
糖漿	45 g	27.0 g
冰塊	45 g	—
無脂肪優格	115 g	—
安定劑	1 g	—
合計	300 g	37.2 g

▪ 果實分量 35.0%／糖分量 12.4%

◆檸檬優格

〈材料〉		糖分量
新鮮檸檬汁	33 g	2.8 g
檸檬皮（磨碎）	1 g	0.1 g
糖漿	60 g	36.0 g
冰塊	135 g	—
無脂肪優格	70 g	—
安定劑	1 g	—
合計	300 g	38.9 g

▪ 果實分量 11.0%／糖分量 13.0%

◆橘子優格

〈材料〉		糖分量
冷凍橘子果泥	105 g	12.6 g
檸檬汁	4 g	0.3 g
糖漿	40 g	24.0 g
冰塊	30 g	—
無脂肪優格	120 g	—
安定劑	1 g	—
合計	300 g	36.9 g

▪ 果實分量 35.0%／糖分量 12.3%

熱帶系

◆芒果優格

〈材料〉		糖分量
冷凍芒果果泥	105 g	20.0 g
檸檬汁	4 g	0.3 g
糖漿	30 g	18.0 g
冰塊	30 g	—
無脂肪優格	130 g	—
安定劑	1 g	—
合計	300 g	38.3 g

▪ 果實分量 35.0%／糖分量 12.8%

◆鳳梨優格

〈材料〉		糖分量
冷凍塊狀鳳梨	105 g	13.7 g
檸檬汁	4 g	0.3 g
糖漿	40 g	24.0 g
冰塊	30 g	—
無脂肪優格	120 g	—
安定劑	1 g	—
合計	300 g	38.0 g

▪ 果實分量 35.0%／糖分量 12.7%

◆百香果 & 芒果優格

〈材料〉		糖分量
冷凍芒果果泥	60 g	11.4 g
冷凍百香果果泥	30 g	3.9 g
糖漿	40 g	24.0 g
冰塊	45 g	—
無脂肪優格	124 g	—
安定劑	1 g	—
合計	300 g	39.3 g

▪ 果實分量 30.0%／糖分量 13.1%

◆木瓜優格

〈材料〉		糖分量
冷凍塊狀木瓜	90 g	8.1 g
檸檬汁	4 g	0.3 g
糖漿	50 g	30.0 g
冰塊	45 g	—
無脂肪優格	110 g	—
安定劑	1 g	—
合計	300 g	38.4 g

▪ 果實分量 30.0%／糖分量 12.8%

◆火龍果 & 百香果優格

〈材料〉		糖分量
冷凍塊狀火龍果（紅）	60 g	6.0 g
冷凍百香果果泥	30 g	3.9 g
糖漿	50 g	30.0 g
冰塊	45 g	—
無脂肪優格	114 g	—
安定劑	1 g	—
合計	300 g	39.9 g

▪ 果實分量 30.0%／糖分量 13.3%

◆百香果優格

〈材料〉		糖分量
冷凍百香果果泥	75 g	9.8 g
糖漿	50 g	30.0 g
冰塊	60 g	—
無脂肪優格	114 g	—
安定劑	1 g	—
合計	300 g	39.8 g

▪ 果實分量 25.0%／糖分量 13.3%

♦熱帶水果優格

〈材料〉		糖分量
冷凍芒果果泥	30 g	5.7 g
冷凍木瓜果泥加糖	30 g	4.5 g
冷凍塊狀鳳梨	30 g	3.9 g
檸檬汁	4 g	0.3 g
糖漿	40 g	24.0 g
冰塊	45 g	—
無脂肪優格	120 g	—
安定劑	1 g	—
合計	300 g	38.4 g

▪ 果實分量 30.0%／糖分量 12.8%

♦奇異果優格

〈材料〉		糖分量
冷凍塊狀奇異果	90 g	12.6 g
檸檬汁	4 g	0.3 g
糖漿	45 g	27.0 g
冰塊	45 g	—
無脂肪優格	115 g	—
安定劑	1 g	—
合計	300 g	39.9 g

▪ 果實分量 30.0%／糖分量 13.3%

葡萄、蘋果、桃子

♦桃子（白桃）優格
桃子（黃桃）優格

〈材料〉		糖分量
冷凍白桃果泥 or 黃桃果泥加糖	120 g	19.2 g
檸檬汁	4 g	0.3 g
糖漿	35 g	21.0 g
冰塊	15 g	—
無脂肪優格	125 g	—
安定劑	1 g	—
合計	300 g	40.5 g

▪ 果實分量 40.0%／糖分量 13.5%

♦麝香葡萄優格
紅葡萄優格

〈材料〉		糖分量
冷凍麝香葡萄 or 紅葡萄	90 g	14.4 g
檸檬汁	4 g	0.3 g
糖漿	40 g	24.0 g
冰塊	45 g	—
無脂肪優格	120 g	—
安定劑	1 g	—
合計	300 g	38.7 g

▪ 果實分量 30.0%／糖分量 12.9%

♦甜桃優格

〈材料〉		糖分量
冷凍塊狀甜桃	105 g	10.5 g
檸檬汁	4 g	0.3 g
糖漿	45 g	27.0 g
冰塊	30 g	—
無脂肪優格	115 g	—
安定劑	1 g	—
合計	300 g	37.8 g

▪ 果實分量 35.0%／糖分量 12.6%

♦蘋果（黃王）優格
蘋果（紅玉）優格

〈材料〉		糖分量
冷凍蘋果塊（黃王 or 紅玉）	90 g	12.6 g
檸檬汁	4 g	0.3 g
糖漿	45 g	27.0 g
冰塊	45 g	—
無脂肪優格	115 g	—
安定劑	1 g	—
合計	300 g	39.9 g

▪ 果實分量 30.0%／糖分量 13.3%

其他水果

◆西洋梨優格

〈材料〉

材料	份量	糖分量
冷凍塊狀西洋梨	90 g	12.6 g
檸檬汁	4 g	0.3 g
糖漿	45 g	27.0 g
冰塊	45 g	—
無脂肪優格	115 g	—
安定劑	1 g	—
合計	300 g	39.9 g

▪果實分量 30.0%／糖分量 13.3%

◆香蕉優格

〈材料〉

材料	份量	糖分量
冷凍切片香蕉	90 g	19.8 g
檸檬汁	4 g	0.3 g
糖漿	30 g	18.0 g
冰塊	45 g	—
無脂肪優格	130 g	—
安定劑	1 g	—
合計	300 g	38.1 g

▪果實分量 30.0%／糖分量 12.7%

◆無花果 & 葡萄優格

〈材料〉

材料	份量	糖分量
冷凍塊狀無花果	60 g	8.4 g
冷凍葡萄	30 g	4.8 g
檸檬汁	4 g	0.3 g
糖漿	45 g	27.0 g
冰塊	45 g	—
無脂肪優格	115 g	—
安定劑	1 g	—
合計	300 g	40.5 g

▪果實分量 30.0%／糖分量 13.5%

◆李子優格

〈材料〉

材料	份量	糖分量
冷凍李子	75 g	7.5 g
檸檬汁	4 g	0.3 g
糖漿	50 g	30.0 g
冰塊	60 g	—
無脂肪優格	110 g	—
安定劑	1 g	—
合計	300 g	37.8 g

▪果實分量 25.0%／糖分量 12.6%

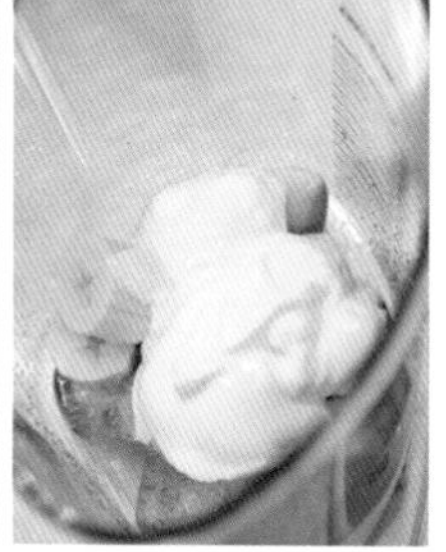

優格基本上可以搭配任何水果，嘗試各種組合，發現自己喜歡的水果。

◆杏子優格

〈材料〉

材料	份量	糖分量
冷凍杏子果泥加糖	90 g	18.0 g
檸檬汁	4 g	0.3 g
糖漿	35 g	21.0 g
冰塊	45 g	—
無脂肪優格	125 g	—
安定劑	1 g	—
合計	300 g	39.3 g

▪果實分量 30.0%／糖分量 13.1%

WHAT IS GRANITA MACHINE?

(何謂格蘭尼達機？)

讀者聽說過「格蘭尼達機」嗎？這種機器只要將果汁等材料放進去，就算不使用冰塊，也能夠自動做出格蘭尼達。它是什麼樣的結構？以下就介紹可以如何使用機器的基本知識。

下面照片介紹的便是「格蘭尼達機」，這是一種比一般攪拌機（果汁機）大上許多的機器，可以將果汁倒入上半的容器部分，便能夠做出格蘭尼達。打開機器以後，不鏽鋼的圓柱上那漩渦形的樹脂羽部便會開始旋轉。圓柱部分具備冷卻材料的結構，因此只要把材料放進去，就會自動做出半冰半液體型態的格蘭尼達。

接下來讓圓柱部分繼續旋轉，就能夠保持一定的硬度（冰沙），因此能夠在有人點菜的時候馬上裝進杯子裡、提供給客人。由於這種機器頗大，因此規模較小的店家不可能放很多台，不過若是提供的格蘭尼達只有一到兩種（使用一到兩台機器）、想要有效率提供餐點的時候就可以活用這種機器。格蘭尼達機的容器部分是透明的，可以看到裡面的材料旋轉的樣子，這種視覺效果能夠誘發顧客點餐，也是優點之一。

使用上的注意事項就是材料的糖分量必須在整體14％以上。若是糖分量低於13％，冰塊的結晶會太大，這樣很可能會造成羽部的破損，要多加留心。

容器當中包圍圓柱的白色漩渦狀樹脂羽部會旋轉。圓柱部分會冷卻果汁等材料，自動做出半冰半液體狀態的格蘭尼達。

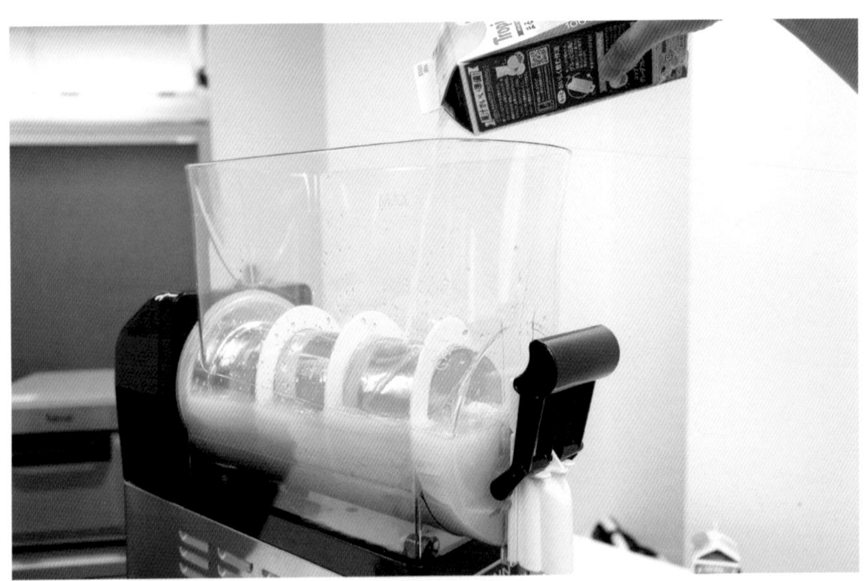

除了使用果汁以外，也可以使用新鮮水果，便能更加美味。可以如照片（左及下）這樣先用攪拌機將新鮮水果打碎，然後添加進去。保留新鮮水果的「顆粒感」會讓人覺得口味更為清新。

冰茶的「冰」就用格蘭尼達

冰茶等飲料若當中添加檸檬等口味的格蘭尼達，感覺上也非常時髦。可以使用格蘭尼達取代冰塊，提供嶄新的美味。

尤其是若使用前頁介紹的格蘭尼達機，也不需要在有客人點餐的時候還花費功夫去製作格蘭尼達，這樣上餐也比較容易。這類有效活用格蘭尼達機的方法也很值得留意。

Granita & Ice Tae

CHAPTER

Ⅲ

凍飲 | Type ②

五花八門材料

Frozen Drink
Type2

Various Kind of Ingredients

舉例來說，義式冰淇淋除了水果口味以外，也能夠使用抹茶等和風材料、山藥等蔬菜、咖啡、焦糖或者堅果等東西來製作，也相當美味。同樣的，凍飲也可以使用這些「五花八門材料」來做出各式各樣的口味。

本書當中使用了酒粕、玉米、杏仁等不是很常見的凍飲材料。也會介紹使用了焦糖蘋果等稍微多個調理步驟的水果口味食譜。

食譜的特徵上來說，全部都使用了牛奶來搭配。本章當中使用的五花八門材料，大多都是與牛奶相當對味的材料。

另外有些飲品想要加強其乳香風味，也會使用脫脂奶粉。若使用脫脂奶粉，會用左邊欄位介紹的「糖粉、脫脂奶粉、安定劑混合粉」。若使用的粉類眾多，先將這些粉依比例混好，有人點單的時候可以減少製作的功夫。而且匆忙下還要量不同種類粉末的重量，也比較容易計算錯誤，先混好就不容易發生這類問題。不過若是先混好粉末，為了避免有所誤差，務必要攪拌均勻。要是沒有攪拌均勻，很可能會有單一種粉類使用過量。

另外，提到咖啡或者焦糖口味的凍飲，大家最熟悉的應該就是『星巴克』的「咖啡星冰樂」和「焦糖星冰樂」之類的商品。不過「星冰樂」這個商品名稱是『星巴克』有註冊的商品名稱，其他店家不能使用。

雖然也可以就叫做「咖啡凍飲」、「焦糖凍飲」之類的，不過店家或許也可以自己想個新穎的名稱。

本章介紹的「五花八門材料」食譜當中會使用牛奶。添加乳香來打造出溫和的口味。也會使用巧克力糖漿或者焦糖糖漿這類方便的市售品。

若想增強乳香時使用糖粉、脫脂奶粉、安定劑混合粉

（糖分 88%）

糖粉	880 g
脫脂粉乳	100 g
安定劑（混合膠）	20 g
合計	1000 g

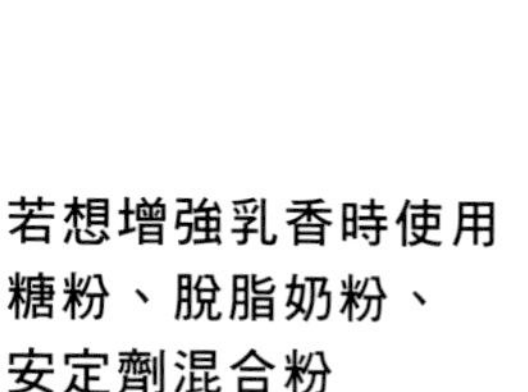

糖粉、脫脂奶粉、安定劑事前混合好會比較方便。另外，要和其它粉類混合在一起的時候，使用粒子比砂糖細的糖粉會比較好。

JAPANESE INGREDIENTS

和風材料

「和風材料」當中最具代表性的便是「抹茶」。抹茶凍飲也特別受到大家喜愛，因此最好要多加注意用來製作商品的抹茶品質。本章同時還介紹了使用玄米或者酒粕的凍飲，也是相當美味的和風材料，還請嘗試看看。

使用事前混好的抹茶、糖粉、脫脂奶粉、安定劑混合粉末。

♦抹茶

Matcha

〈材料〉

		糖分量
抹茶混合粉末★	50 g	40.0 g
牛奶	130 g	—
冰塊	120 g	—
合計	300 g	40.0 g

▪ 糖分量 13.3%

★抹茶混合粉末

〈材料〉

		糖分量
抹茶	5 g	—
糖粉	40 g	40.0 g
脫脂粉乳	4 g	—
安定劑	1 g	—
合計	50 g	40.0 g

使用奶油或配料增添魅力

使用牛奶製作而口味溫醇的凍飲，和發泡鮮奶油也非常對味。若要販賣的話，也可以當成追加用的選項。

另外抹茶凍飲也可以放上金時紅豆，做成「抹茶金時」。72 頁以後的凍飲，也都有介紹不同口味適合搭配的材料，還請參考。

◆抹茶奶油格蘭尼達（右）
◆抹茶金時格蘭尼達（中）

Matcha Cream Granita / Matcha Kintoki Granita

◆玄米

Brown Rice

〈材料〉

材料	重量	糖分量
玄米黃豆粉（烤過以後磨成粉末）	10 g	—
糖漿	65 g	39.0 g
牛奶	89 g	—
冰塊	135 g	—
安定劑	1 g	—
合計	300 g	39.0 g

▪ 糖分量 13.0%

〈配料〉

發泡鮮奶油／玄米米香

♦酒之華

Sake Flower

〈材料〉

		糖分量
酒之華醬★	35 g	7.8 g
糖粉、脫脂奶粉、安定劑混合粉末	40 g	35.2 g
牛奶	105 g	—
冰塊	120 g	—
合計	300 g	43.0 g

▪ 糖分量 14.3%

〈配料〉

發泡鮮奶油／黑豆

★酒之華醬（單次製作分量）

〈材料〉

		糖分量
酒粕	400 g	—
細砂糖	200 g	200 g
水	400 g	—
合計	1000 g	200 g

（完成量 900 g）

▪ 糖分量 22.2%

〈製作方式〉

將上列材料使用攪拌機混合均勻以後熬煮，注意不要燒焦（此步驟是要讓酒精揮發）。煮完以後再次使用攪拌機攪拌並放涼。

VEGETABLE
蔬菜

本節介紹烤地瓜、南瓜、甜玉米三種材料。帶有甜味的地瓜或者甜玉米這些東西，是非常適合做成凍飲的蔬菜。除了烤地瓜以外，南瓜和甜玉米也都是先煮好到可以直接食用的程度，冷卻以後再拿來製作飲料。

〈材料〉

		糖分量
烤地瓜	90 g	27.9 g
糖漿	20 g	12.0 g
牛奶	100 g	—
冰塊	90 g	—
合計	300 g	39.9 g

- 蔬菜分量 30.0%
  糖分量 13.3%

〈配料〉
發泡鮮奶油／烤地瓜片

烤地瓜若連皮使用，不管在口味或者外觀上都更加接近「烤地瓜風味」。另外，地瓜本身帶點黏度，因此減少食譜當中的冰塊量。

◆烤地瓜

Sweeet Potato

♦南瓜
Pumpkin

〈材料〉

材料	份量	糖分量
南瓜（事前煮熟）	90 g	11.7 g
糖漿	45 g	27.0 g
牛奶	45 g	—
冰塊	120 g	—
合計	300 g	38.7 g

▪ 蔬菜分量 30.0%
糖分量 12.9%

〈配料〉
發泡鮮奶油／
可食用之南瓜籽

♦甜玉米

Sweet Corn

〈材料〉

材料	份量	糖分量
甜玉米（事前煮熟）	90 g	14.4 g
糖漿	40 g	24.0 g
牛奶	39 g	—
冰塊	130 g	—
安定劑	1 g	—
合計	300 g	38.4 g

- 蔬菜分量 30.0%
  糖分量 12.8%

◆拿鐵咖啡

Cafe Latte

CAFE
咖啡

不管是拿鐵咖啡還是摩卡奇諾，將受歡迎的咖啡種類製作成凍飲，也都是魅力十足的商品。具備清涼感、甜度適中又有甜點感的凍飲能讓不習慣喝咖啡的人也喜愛，以店家來說，單價也可以設定比一般飲料來得高些。

★義式咖啡糖漿（單次製作量）

〈材料〉

材料	份量	糖分量
義式咖啡	500 g	—
細砂糖	250 g	250 g
合計	750 g	250 g

▪ 糖分量 33.3%

※義式咖啡萃取條件／1杯萃取量20g，咖啡粉量7g，咖啡烘焙度「City～French」

〈材料〉

材料	份量	糖分量
義式咖啡糖漿★	60 g	20.0 g
糖漿	30 g	18.0 g
牛奶	84 g	—
冰塊	125 g	—
安定劑	1 g	—
合計	300 g	38.0 g

▪ 糖分量 12.7%

即使製作的是凍飲，基底咖啡的口味仍然非常重要。最好要堅持咖啡的美味度。

◆摩卡奇諾

Mocaccino

〈材料〉

		糖分量
義式咖啡糖漿（參照79頁食譜）……	60 g	20.0 g
巧克力糖漿（現成品）……	30 g	18.0 g
牛奶 ……	74 g	—
冰塊 ……	135 g	—
安定劑 ……	1 g	—
合計	300 g	38.0 g

▪ 糖分量 12.7%

〈配料〉

發泡鮮奶油／板狀巧克力

先用巧克力糖漿在玻璃杯內側描繪圖樣的話，完成品的外觀上也比較有變化。

◆焦糖拿鐵

〈材料〉

		糖分量
義式咖啡糖漿（參照79頁食譜）	60 g	20.0 g
義式咖啡糖漿（現成品）	30 g	18.0 g
牛奶	74 g	—
冰塊	135 g	—
安定劑	1 g	—
合計	300 g	38.0 g

▪ 糖分量 12.7%

〈配料〉

發泡鮮奶油／焦糖糖漿

CHOCOLATE ALMOND

巧克力、杏仁

將巧克力和杏仁口味納入後製作出來的凍飲，能提升享用甜點的樂趣。當中尤以「巧克力香蕉」最受孩子們的歡迎。配料只要使用發泡鮮奶油和香蕉片，肯定能夠讓大家展露笑容。

〈材料〉

材料		糖分量
巧克力糖漿（現成品）	20 g	12.0 g
香草冰淇淋	40 g	6.0 g
新鮮香蕉	100 g	22.0 g
牛奶	30 g	—
冰塊	110 g	—
合計	300 g	40.0 g

▪ 糖分量 13.3%

〈配料〉

發泡鮮奶油／巧克力糖漿／香蕉

♦巧克力香蕉

Chocolate & Banana

◆巧克力 & 餅乾

Chocolate & Cookie

〈材料〉

		糖分量
巧克力糖漿（現成品）	30 g	18.0 g
糖粉、脫脂奶粉、安定劑混合粉末	15 g	13.2 g
牛奶	105 g	—
巧克力餅乾	20 g	8.0 g
冰塊	130 g	—
合計	300 g	39.2 g

▪ 糖分量 13.1%

〈配料〉

發泡鮮奶油／巧克力餅乾

巧克力餅乾感覺上是有些令人意外的材料，不過只要用攪拌機一打，其實就能夠和其他材料化為一體，能夠增添口味濃郁感。

♦杏仁焦糖

Almond & Caramel

〈材料〉

		糖分量
杏仁糖	30 g	12.0 g
義式咖啡糖漿（現成品）	30 g	18.0 g
糖漿	15 g	9.0 g
牛奶	84 g	—
冰塊	140 g	—
安定劑	1 g	—
合計	300 g	39.0 g

▪ 糖分量 13.0%

〈配料〉

發泡鮮奶油／義式咖啡糖漿／杏仁糖

焦糖

〈材料〉

		糖分量
義式咖啡糖漿（現成品）	40 g	24.0 g
糖漿	25 g	15.0 g
牛奶	100 g	—
冰塊	134 g	—
安定劑	1 g	—
合計	300 g	39.0 g

▪ 糖分量 13.0%

也可以不使用杏仁糖，只以焦糖糖漿為主。

EXTRA FRUIT

烹調水果

本節介紹焦糖蘋果和糖煮金柑。這和新鮮水果不同，多花一道功夫來烹調水果，就能夠享用不同的口感樂趣。把烹調過的水果拿來當成配料擺飾，更能展現出手工製作感。

★焦糖蘋果
（單次製作量）

〈材料〉

		糖分量
蘋果塊	600 g	84 g
無鹽奶油	45 g	—
細砂糖	180 g	180 g
蜂蜜	60 g	42 g
香草莢	1支	—
蘋果汁	300 g	30 g
肉桂粉	5 g	—
合計	1190 g	336 g

（完成量 1000 g）

▪ 糖分量 33.6%

〈製作方式〉

將細砂糖和蜂蜜放入鍋中加熱，等到焦糖化以後將無鹽奶油與剖開的香草莢放入鍋中。之後放入切成塊狀（約 2 cm方塊）的蘋果塊放入，快速攪拌一下，接著加入蘋果汁繼續熬煮。最後加上肉桂粉便完成了。冷卻後置於冷藏庫中保存。

〈材料〉

		糖分量
焦糖蘋果★	60 g	20.2 g
糖漿	25 g	15.0 g
牛奶	79 g	—
冰塊	135 g	—
安定劑	1 g	—
合計	300 g	35.2 g

▪ 糖分量 11.7%

〈配料〉

發泡鮮奶油／焦糖蘋果

♦焦糖蘋果

Apple Caramelized

◆金柑

Kumquat

糖煮金柑（單次製作量）

〈材料〉

		糖分量
金柑	500 g	85 g
水	200 g	—
細砂糖	500 g	500 g
檸檬汁	100 g	8.6 g
合計	1300 g	593.6 g

（完成量 1000 g）

▪ 糖分量 59.4%

〈材料〉

		糖分量
糖煮金柑★	60 g	35.6 g
糖漿	5 g	3.0 g
牛奶	104 g	—
冰塊	130 g	—
安定劑	1 g	—
合計	300 g	38.6 g

▪ 糖分量 12.9%

〈配料〉

發泡鮮奶油／糖煮金柑

糖煮金柑

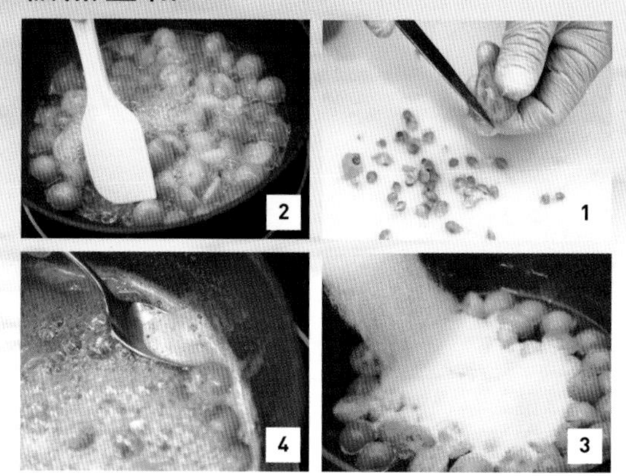

〈製作方式〉

將金柑對半切開、去除種子（①）。將金柑與水放入鍋中，熬煮至柔軟（②）。熬煮的時候要去掉浮沫。加入細砂糖（③）、檸檬汁後仔細撈去浮沫，一直熬煮到金柑展現光澤（④）。

NUTS, ANNIN, COCONUT

其他材料

介紹使用堅果類、杏仁霜醬、花生粉製作的食譜。使用杏仁、胡桃、腰果、核桃、開心果等種類豐富的堅果來製作成的凍飲，以「森林果實」之名來表現出其豐富香氣。

〈材料〉

材料		糖分量
杏仁	10 g	1.0 g
核桃	10 g	—
腰果	10 g	—
胡桃	10 g	—
開心果	5 g	—
糖漿	65 g	39.0 g
牛奶	49 g	—
冰塊	140 g	—
安定劑	1 g	—
合計	300 g	40.0 g

▪ 糖分量 13.3%

〈配料〉

發泡鮮奶油／堅果

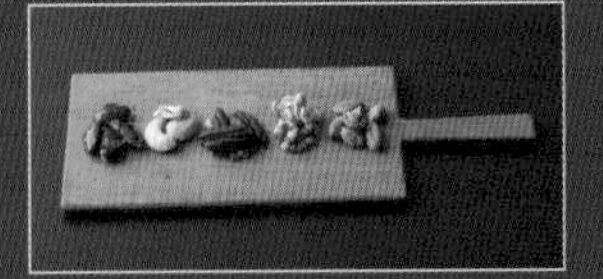

使用多種堅果能夠讓口味更加濃郁。

♦森林果實

Forest Nuts

♦杏仁
Annin

〈材料〉

		糖分量
杏仁霜醬★	50 g	11.1 g
糖漿	45 g	27.0 g
牛奶	69 g	—
冰塊	135 g	—
安定劑	1 g	—
合計	300 g	38.1 g

▪ 糖分量 12.7%

〈配料〉
發泡鮮奶油／枸杞

★杏仁霜醬
（單次製作量）

〈材料〉

		糖分量
杏仁霜	120 g	—
細砂糖	200 g	200 g
牛奶	680 g	—
合計	1000 g	200 g

（完成量 900 g）

▪ 糖分量 22.2%

〈製作方式〉

將上列材料以攪拌機混合均勻以後，仔細熬煮、不要燒焦。熬煮後再次用攪拌機打勻並冷卻。

♦鳳梨可樂達

Pina Colada

〈材料〉

		糖分量
鳳梨汁	90 g	11.7 g
椰子粉	5 g	—
糖漿	45 g	27.0 g
水	24 g	—
冰塊	135 g	—
安定劑	1 g	—
合計	300 g	38.7 g

▪ 糖分量 12.9%

〈配料〉

發泡鮮奶油／椰子脆片／鳳梨

「優格大理石」新感覺飲品

也可以使用果醬，打造出大理石圖樣。以下介紹的是使用優格、細砂糖、脫脂奶粉等材料與冰塊一起攪拌混合均勻製作出「優格醬」以後，製作成的「優格大理石」。

96頁～介紹大理石圖樣稍微變化一下的裝盤方式。除了果醬以外，也會介紹使用餅乾和穀片製作的產品。

優格醬

水果醬

- 芒果醬
- 覆盆莓醬
- 藍莓醬

etc.

將「優格醬」與水果混合在一起，會具備相當不錯的風味。

優格醬

〈材料〉

材料	份量	糖分量
無脂肪優格	110 g	—
砂糖、脫脂奶粉、安定劑混合粉末（參考67頁）	35 g	30.8 g
冰塊	110 g	—
合計	255 g	30.8 g

▪ 糖分量 12.0%

將上述材料全部放入攪拌機中打勻，製作出「優格醬」。

製作範例

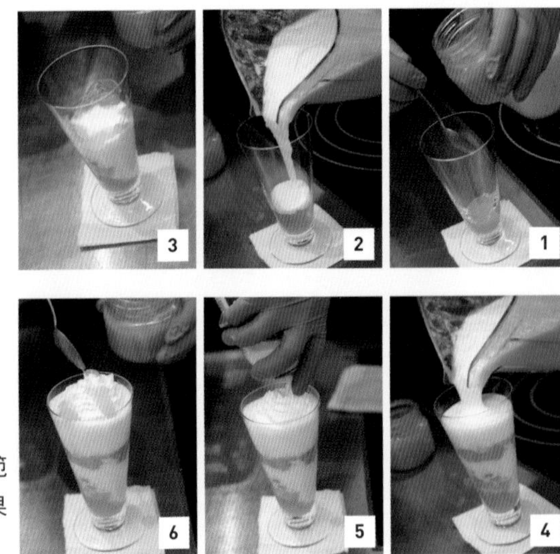

這是使用芒果醬製作的範例。如照片交互盛裝芒果醬和優格醬便能完成。

♦芒果優格大理石

Mango Yogurt Marble

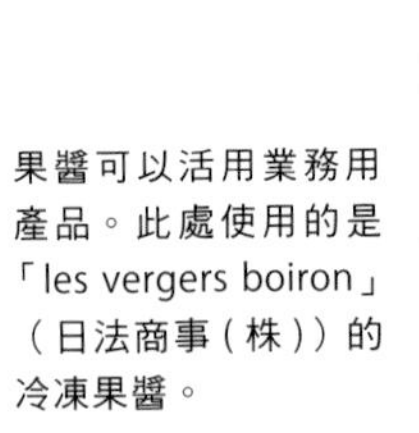

果醬可以活用業務用產品。此處使用的是「les vergers boiron」（日法商事（株））的冷凍果醬。

♦ 覆盆莓優格大理石
Framboise Yogurt Marble

這是盛裝成兩層而非大理石圖樣的範例。最後優雅放上覆盆莓，
也能提升俐落感。

◆ 紅色優格大理石

Rouges Yogurt Marble

使用的是「les vergers boiron」（日法商事（株））當中的「fruit rouge」（草莓、黑莓、櫻桃、紅醋栗）這款冷凍果醬。稍微變化一下大理石圖樣，最後除了用發泡鮮奶油裝飾以外還擺上各種莓果。

◆ 餅乾 & 穀片 優格大理石

Cookies & Granola Yogurt Marble

將打碎的餅乾與「優格醬」交錯盛裝，最後用穀片當成配料放上。是能夠享用餅乾與穀片口感變化的一道飲品。

CHAPTER

IV

凍飲 | Type ❸

冰沙

Frozen Drink
Type3

Smoothie

在第7頁也有提到，使用水果、蔬菜、乳製品製作的冰沙，是被認為「可以攝取整日所需之維他命及礦物質」的健康飲料。而語源smoothie原先指的是「滑順」的意思，這是由於沒有使用冰塊，而是直接使用冰凍的水果或蔬菜做出來的冰沙，在口感上會給人更加滑順的感受。除了冰凍的水果和蔬菜以外，還會使用新鮮水果、果汁、牛奶、優格、豆漿、杏仁茶等。牛奶、優格、豆漿、杏仁茶這些材料要如何選擇，可以根據其他材料的口味和營養比例來搭配，又或者是依照店家方針來進行選擇。

本書當中介紹的冰沙，大多使用優格來製作。先將無脂肪優格和細砂糖混合好，使其結冰以後做成「冷凍優格」方便使用。使用「冷凍優格」的話，就能夠減少冷凍水果和蔬菜的使用量，以新鮮水果和果汁來製作。當然，也可以使用冷藏的優格，然後增加冷凍水果及蔬菜的用量，這樣也沒有問題。「冷凍優格」還請當成一種做法加以參考。

另外，若要使用「冷凍優格」，那麼「冷凍優格＋結凍水果或蔬菜」的分量為150g，約占整體300g的50%。

如同第9頁圖片解說，冰沙的基本比例是「結凍蔬菜、水果」用量為40%。但是此處的比例卻是50%，這是由於如果使用「冷凍優格」來製作，這樣打開冷凍庫的次數會增加，優格會稍微溶化而變得比較柔軟。考量到「冷凍優格」會軟化，因此增加了「冷凍優格＋結凍水果或蔬菜」的比例。

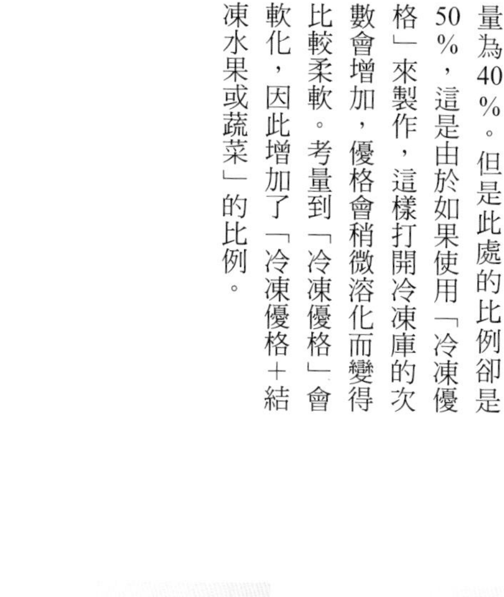

使用糖分10%的冷凍優格

無脂肪優格	900 g
細砂糖	100 g
合計	1000 g

將無脂肪優格與細砂糖攪拌均勻，預先放在冷凍庫裡。製作冰沙的時候取用需要的量。

本書中的冰沙也會使用蘋果汁（如右圖）等果汁。也會活用紅蘿蔔汁或番茄汁等蔬菜汁。照片左邊在水果上面的便是「冷凍優格」。

市面上也販售各式各樣的業務用冷凍水果，用來製作冰沙非常方便。照片是冰沙當中最常使用的草莓和藍莓。

VEGETABLE SMOOTHIE

蔬菜冰沙

使用能夠強調出健康感的蔬菜做成冰沙。第一項介紹的是以「Apple」、「Tomato」、「Carrot」這三個名詞開頭文字命名的商品「ATC 冰沙」。另外也會介紹使用酪梨、紅甜椒做成的「紅色冰沙」。

◆ATC 冰沙

ATC Smoothie

〈材料〉

材料	重量	糖分量
冷凍蘋果塊	100 g	14.0 g
番茄汁	50 g	2.5 g
紅蘿蔔汁	50 g	3.0 g
新鮮香蕉	50 g	11.0 g
冷凍優格	50 g	5.0 g
合計	300 g	35.5 g

▪ 糖分量 11.8%

◆酪梨綜合冰沙

Avocado Mix Smoothie

〈材料〉		糖分量
冷凍白葡萄	50 g	8.0 g
柳橙汁	20 g	2.0 g
蘋果汁	40 g	5.6 g
新鮮香蕉	60 g	13.2 g
新鮮酪梨	20 g	—
芽菜	10 g	—
冷凍優格	100 g	10.0 g
合計	300 g	38.8 g

▪糖分量 12.9%

酪梨綜合冰沙

〈材料〉		糖分量
冷凍塊狀酪梨	40 g	—
蘋果汁	50 g	7.0 g
新鮮香蕉	55 g	12.1 g
豆漿	30 g	—
芽菜	15 g	—
冷凍優格	110 g	11.0 g
合計	300 g	30.1 g

▪糖分量 10.0%

「酪梨綜合冰沙」的另一款食譜。使用冷凍酪梨塊搭配豆漿。

♦紅色冰沙
Red bell pepper Smoothie

〈材料〉

		糖分量
冷凍草莓	50 g	4.3 g
紅甜椒	20 g	0.6 g
蘋果汁	60 g	8.4 g
新鮮香蕉	60 g	13.2 g
核桃	10 g	—
冷凍優格	100 g	10.0 g
合計	300 g	36.5 g

▪ 糖分量 12.2%

FRUIT SMOOTHIE

水果冰沙

以水果做為主體的冰沙也相當受歡迎。使用什麼樣的水果搭配組合完全自由，還請務必挑戰獨家配方。以下介紹的是使用奇異果、鳳梨、香蕉製作的「奇異鳳梨香蕉冰沙」。

〈材料〉

材料	份量	糖分量
冷凍塊狀奇異果	50 g	7.0 g
冷凍塊狀鳳梨	70 g	9.1 g
新鮮香蕉	70 g	15.4 g
豆漿	110 g	—
合計	300 g	31.5 g

- 糖分量 10.5%

♦奇異鳳梨香蕉冰沙

Kibanasu Smoothie

◆森林莓果冰沙

Mixberry Smoothie

〈材料〉

材料	份量	糖分量
冷凍草莓	40 g	3.4 g
冷凍覆盆莓	40 g	4.0 g
冷凍藍莓	40 g	4.4 g
新鮮香蕉	50 g	11.0 g
牛奶	120 g	—
糖漿	10 g	6.0 g
合計	300 g	28.8 g

▪ 糖分量 9.6%

◆水果堅果冰沙

Fruit & Nuts Smoothie

〈材料〉

材料	份量	糖分量
冷凍切片香蕉	60 g	13.2 g
冷凍塊狀鳳梨	30 g	3.9 g
柳橙汁	60 g	6.0 g
豆漿	60 g	—
杏仁糖	10 g	3.0 g
核桃	10 g	—
腰果	10 g	—
冷凍優格	60 g	6.0 g
合計	300 g	32.1 g

▪ 糖分量 10.7%

SMOOTHIE BOWL

冰沙盆

在冰沙上面大量放上水果等材料作為配料，就是「冰沙盆」。在美國也有人會把冰沙盆當成一種餐點來享用。在日本或許也能將此當成健康餐飲的一種，逐漸推廣開來。

◆ATC 冰沙

ATC Smoothie

〈配料〉

穀片／小番茄／香蕉／藍莓

※冰沙食譜請參考101頁

♦ 酪梨
綜合冰沙

Avocado Mix Smoothie

〈配料〉

穀片／香蕉／柳橙／
杏仁片

※冰沙食譜請參考102頁

◆紅色冰沙

Red bell pepper Smoothie

〈配料〉

穀片／香蕉／草莓／核桃

※冰沙食譜請參考103頁

◆奇異鳳梨香蕉冰沙

Kibanasu Smoothie

〈配料〉

穀片／香蕉／
鳳梨／奇異果

※冰沙食譜請參考104頁

◆森林莓果冰沙

Mix berry Smoothie

〈配料〉

穀片／草莓／
藍莓／覆盆莓／
香蕉／椰子絲

※冰沙食譜請參考106頁

◆水果堅果冰沙

Fruit & Nuts Smoothie

〈配料〉

穀片／香蕉／
杏仁片／腰果／
核桃

※ 冰沙食譜請參考 107 頁

◆草莓綜合冰沙

Strawberry Mix Smoothie

〈配料〉

穀片／草莓／香蕉／椰子絲

〈材料〉

材料	份量	糖分量
冷凍草莓	70 g	6.0 g
冷凍塊狀鳳梨	30 g	3.9 g
新鮮香蕉	40 g	8.8 g
柳橙汁	40 g	4.0 g
豆漿	70 g	—
冷凍優格	50 g	5.0 g
合計	300 g	27.7 g

▪ 糖分量 9.2%

♦藍莓綜合冰沙

Blueberry Mix Smoothie

〈配料〉

穀片／藍莓／
香蕉／椰子絲

〈材料〉

		糖分量
冷凍藍莓……	70 g	7.7 g
冷凍塊狀鳳梨………………	30 g	3.9 g
新鮮香蕉………	40 g	8.8 g
柳橙汁 …………	40 g	4.0 g
豆漿 ……………	70 g	—
冷凍優格………	50 g	5.0 g
合計	300 g	29.4 g

▪ 糖分量 9.8%

◆芒果綜合冰沙

Mango Mix Smoothie

〈配料〉

穀片／芒果／香蕉／椰子絲

〈材料〉

材料	份量	糖分量
冷凍塊狀芒果	70 g	11.2 g
冷凍塊狀鳳梨	30 g	3.9 g
新鮮香蕉	40 g	8.8 g
柳橙汁	40 g	4.0 g
豆漿	70 g	—
冷凍優格	50 g	5.0 g
合計	300 g	32.9 g

▪ 糖分量 11.0%

♦火龍果綜合冰沙

Dragon Fruit Mix Smoothie

〈配料〉

穀片／香蕉／椰子絲

〈材料〉

材料	重量	糖分量
冷凍塊狀火龍果水果	40 g	4.0 g
冷凍塊狀鳳梨	30 g	3.9 g
冷凍塊狀芒果	30 g	4.8 g
新鮮香蕉	40 g	8.8 g
柳橙汁	40 g	4.0 g
豆漿	70 g	—
冷凍優格	50 g	5.0 g
合計	300 g	30.5 g

▪ 糖分量 10.2%

還有烤地瓜 & 南瓜盆！

在第 3 章「五花八門材料」當中介紹的「烤地瓜」（75 頁）以及「南瓜」（76 頁）也很適合用來做成冰沙盆。由於這使用了根莖類蔬果，因此更容易表現出「作為餐點享用」的魅力，想來女性應該也會很開心。

配料可以採用穀片和可食用的南瓜種子等東西，來為口感帶來變化。

Sweet potato & Pumpkin

忠實重現新鮮水果的口味

製作凍飲時不可或缺的便是" MONIN" 的糖漿。本頁介紹的是 2020 年春天全新產品 MONIN Fruit mix 當中的無花果與洋梨口味的食譜。

MONIN Fruit mix

MONIN MONIN公式網站

MONIN Fruit mix添加水果果泥，是含有果肉的糖漿。果實量比起一般糖漿高上許多，製作時使用大量水果，因此能夠充分享受果實口味、香氣及口感。瓶裝是1L尺寸，口味也有19種。這次介紹的口味是無花果和洋梨。

「MONIN Fruit mix的無花果口味能夠直接品嘗到種子的口感及其口味。洋梨口味使用的是具備西洋梨獨特芳醇氣味中特別顯著的品種，因此能夠打造出讓品嘗者能享用口味及香氣品質都高、個性十足的飲品。」

Fruit mix在開封以後可於常溫下使用一個月。水果本身有其季節性，經常會受到時間上的限制，但若使用該水果口味的商品，就能夠一整年都重現真實的水果口味。想用多少再從瓶中倒出即可，準備上也相當快速，不浪費材料也可節省成本。

無花果冰沙

材料（1人分）

MONIN 無花果 Fruit mix ……… 30mℓ
MONIN Non Dairy FrappeBase ……… 30 g
牛奶 ……… 120mℓ
冰塊 ……… 150 g

配料用

發泡鮮奶油 ……… 20 g
MONIN 無花果 Fruit mix ……… 10mℓ

製作方式

1 將冰塊、MONIN 無花果 Fruit mix、Non Dairy FrappeBase、牛奶倒入攪拌機攪拌。

2 將 1 注入玻璃杯中，盛上發泡鮮奶油、再淋上裝飾用的 MONIN 無花果 Fruit mix。

1

2

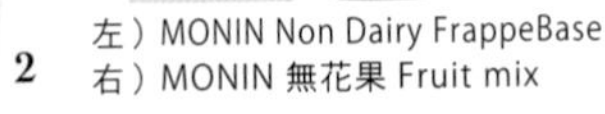

左）MONIN Non Dairy FrappeBase
右）MONIN 無花果 Fruit mix

Menu's Point

無花果用來製作蛋糕時相當受歡迎，不過這是日本很少使用來製作飲料的水果之一。「MONIN 無花果 Fruit mix 具備無花果特有的酸度與甜味，也能夠品嘗到無花果種子的顆粒感及柔軟的果實風味，讓人覺得就是水果。顏色也非常鮮豔，可以做出給人全新感受的產品。」（根岸）。

日法貿易株式會社 Tel:0120-003-092 https://www.nbkk.co.jp/

洋梨格蘭尼達

材料（1人分）

MONIN 洋梨 Fruit mix ……………………… 15mℓ
MONIN 香草糖漿 ……10mℓ
MONIN 檸檬糖漿 …… 5mℓ
MONIN Non Dairy FrappeBase ……………………… 30 g
冰塊 ………………150 g
水 ………………… 120mℓ

配料用

食用花 ……………… 1朵

製作方式

1 將冰塊、水、MONIN 洋梨 Fruit mix、MONIN 香草糖漿、MONIN 檸檬糖漿、MONIN Non Dairy FrappeBase 放入攪拌機攪拌。

2 將裝了冰塊（不在食譜分量內）的器皿上放玻璃杯，注入 1 的材料，倒些 MONIN 洋梨 Fruit mix 後放上食用花妝點。

左）MONIN 洋梨 Fruit mix　中）香草糖漿　右）檸檬糖漿

1

2

Menu's Point

MONIN 洋梨 Fruit mix 使用的是洋梨當中的威廉斯梨，為含水量相當高的品種。「洋梨口味在添加了 MONIN 的香草糖漿和檸檬糖漿以後，酸味會比較突出，如此一來餘味會變得比較清爽、是香氣較佳且口味俐落的凍飲。另外在盛裝的時候多下點功夫，也能提高附加價值。」（根岸）

特別企劃

FROZEN DRINK MACHINE

以眾所矚目機器製作凍飲的魅力十足食譜

市面上有用來製作凍飲非常方便的機器。
這個特別企劃，
就是介紹使用這類機器製作凍飲的魅力十足食譜。

使用衆所矚目機器

本企劃使用的是（株）CHUBU CORPORATION 的「杯型攪拌器 SM500A」和「凍飲機 SB-20B」，各有其長項特色。

凍飲機

機器上段放入冰塊、下段「瓶」中部分放置果汁等材料，按下 1DR 或 2DR 按鈕，就能夠自動製作凍飲。使用這台機器削切冰塊，也可以製作出刨冰。

杯型攪拌器

特點在於只需要將水果和蔬菜放入專用的塑膠杯中，就能夠直接攪拌。只需一個按鍵就能操作，因此製作凍飲也非常方便。可以根據理想的完成狀態來設定攪拌時間，也可以設定自動清洗。

到上菜為止的流程相當流暢而方便。
也可以著眼於「刨冰」功能提出新菜單

根岸 清

「杯型攪拌器的方便之處，就在於製作完凍飲之後可以直接使用專用杯盛給客人。凍飲機另外也能夠製作刨冰，因此本書當中也提出可以製作雪泥狀的冰點格蘭尼達。」

這裡介紹的兩種機器，實際使用過後發現各有其長處。

首先是「杯型攪拌器SM500A」，在使用專用塑膠杯這點上，具備機器本身的獨特性。將材料放到專用杯中，就能夠直接攪拌完成。東西完成以後也可以直接使用專用杯盛給客人，如此在作業上也相當流暢。

若使用一般的攪拌機做凍飲，另外倒進玻璃杯或其他杯子時，無論如何都會殘留一些水果或冰塊的液體、顆粒在攪拌機底部，這樣很容易造成浪費，因此「杯型攪拌機」最大的特點就是不易浪費。

另一方面，「凍飲機SB－20N」則是將冰塊放入上段、並在下段的「瓶」中倒入果汁等材料，之後只要按下按鈕，就能夠製作出凍飲。另外，這台機器還具備有製作刨冰的功能。本書當中使用此功能製作出雪泥狀的冰點「格蘭尼提」。製作輕鬆且成本較低，同時又是具備清涼感而魅力十足的甜點。

凍飲機使用方法

1

在「凍飲機 SB-20N」上段容器裡裝入冰塊。如果要連續做好幾杯，那就先倒入足夠的冰塊，這樣製作的時候就不用一直裝冰塊，能夠更快完成。

◆製作凍飲

2

在下段的「瓶」中放入果汁等材料，按下 1DR 或 2DR 按鈕。削切下來的冰塊會和果汁等材料自動攪拌在一起，便能製作成凍飲（提議食譜在 138 頁）。

◆製作刨冰、格蘭尼達

3

使用「SLICE」功能，就能把上段容器裡裝的冰塊做成刨冰。將刨冰裝入容器以後，一般刨冰可以淋上糖漿。本書當中製作的是將刨冰和果泥等混合在一起的「格蘭尼提」（建議食譜在 134 ~ 137 頁）。

杯型攪拌器使用方法

1

將材料放入專用塑膠杯中。照片上是 126 ~ 127 頁的「紅豆格蘭尼達」的材料。若使用水果或蔬菜，先切成 15 ㎜塊狀以後，再放入專用杯中。冰塊使用的是片冰。

2

將裝有材料的專用塑膠杯裝進「杯型攪拌器 SM500A」當中。按下開始鈕，就會開始攪拌。攪拌時間可以依據想要的狀態來設定。

3

完成以後取出，撕下保護蓋。如果沒有要添加配料，可以直接放入吸管就拿給客人。如果有配料，就盛裝材料上去（提議食譜在 126 ~ 133 頁）。如果設定自動清洗，也只要按個按鍵，機器就會自動清洗內部。

◆◆◆◆◆

以杯型攪拌器製作的
魅力十足食譜

◊滑順黃豆粉格蘭尼達（右）

〈材料〉		糖分量
冰塊	90g	－
滑順黃豆粉	10g	－
糖漿★	50g	30.0g
豆漿	100g	－
安定劑	0.5g	－
合計	250.5g	30.0g

▪ 糖分量 12.0%

※ 安定劑使用「混合膠」。
本企劃中的食譜以下皆同。

◆ 製作方式

將材料裝入專用杯中，裝設至「杯型攪拌器 SM500A」上。按下開始鍵便會自動攪拌。自動停止以後拿出杯子，擠上鮮奶油作為裝飾。

★糖漿（糖分 60%）

〈材料〉		糖分量
水	400g	－
細砂糖	600g	600g
合計	1000g	600g

※ 本企劃中使用的糖漿以下皆同。

◊紅豆格蘭尼達（中）

〈材料〉		糖分量
冰塊	90g	－
紅豆泥	70g	28.0g
牛奶	90g	－
安定劑	0.5g	－
合計	250.5g	28.0g

▪ 糖分量 11.2%

◆ 製作方式

將材料裝入專用杯中，裝設至「杯型攪拌器 SM500A」上。按下開始鍵便會自動攪拌。自動停止以後拿出杯子，擠上鮮奶油、放上紅豆作為裝飾。

◊黑芝麻黃豆粉黑蜜格蘭尼達（左）

〈材料〉		糖分量
冰塊	90g	－
黑芝麻黃豆粉	10g	－
黑蜜	50g	30.0g
豆漿	100g	－
安定劑	0.5g	－
合計	250.5g	30.0g

▪ 糖分量 12.0%

◆ 製作方式

將材料裝入專用杯中，裝設至「杯型攪拌器 SM500A」上。按下開始鍵便會自動攪拌。自動停止以後拿出杯子，擠上鮮奶油、淋上黑蜜作為裝飾。

APPEALING POINT

這三款是黃豆粉和紅豆日式口味的魅力十足凍飲。與配料發泡鮮奶油也很對味，品嘗起來就像是甜點。

◊草莓 & 香蕉優格

〈材料〉		糖分量
冰塊	90g	–
新鮮草莓	50g	4.3g
新鮮香蕉	40g	8.8g
優格	40g	–
糖漿	30g	18.0g
安定劑	0.5g	–
合計	250.5g	31.1g

▪ 果實分量 35.9%
糖分量 12.4%

◆ 製作方式

將材料裝入專用杯中，裝設至「杯型攪拌器 SM500A」上。按下開始鍵便會自動攪拌。自動停止以後取出杯子。

APPEALING POINT

將水果當中特別受歡迎的草莓和香蕉結合在一起。新鮮的草莓香氣與香蕉溫和的口味相當對味。

◊奇異果 & 鳳梨優格

〈材料〉

		糖分量
冰塊	90g	—
新鮮奇異果	30g	4.2g
新鮮鳳梨	30g	3.9g
優格	65g	—
糖漿	35g	21.0g
安定劑	0.5g	—
合計	250.5g	29.1g

▪ 果實分量 24.0%
糖分量 11.6%

◆製作方式

將材料裝入專用杯中，裝設至「杯型攪拌器 SM500A」上。按下開始鍵便會自動攪拌。自動停止以後取出杯子。

APPEALING POINT

奇異果和鳳梨也非常對味。添加優格以後能享用更加溫和的口味。

◇綜合莓果優格冰沙

〈材料〉		糖分量
冷凍草莓	50g	4.3g
冷凍覆盆莓	20g	2.0g
冷凍藍莓	20g	2.2g
糖漿	35g	21.0g
優格	125g	–
合計	250g	29.5g

- 果實分量 36.0%
  糖分量 11.8%

◆製作方式

將材料裝入專用杯中，裝設至「杯型攪拌器 SM500A」上。按下開始鍵便會自動攪拌。自動停止以後取出杯子。

APPEALING POINT

使用三種莓果製作的冰沙。這份食譜當中是搭配優格，不過使用牛奶或豆漿也很美味。

APPEALING POINT

使用義式咖啡糖漿製作的「巧克力餅乾口味」和「巧克力香蕉口味」。義式咖啡的香氣能給人一種「成熟口味」感。

◊咖啡巧克力餅乾（左）

〈材料〉		糖分量
冰塊	90g	—
義式咖啡糖漿★	30g	15.0g
巧克力餅乾	10g	4.0g
巧克力醬	20g	12.0g
牛奶	100g	—
安定劑	0.5g	—
合計	250.5g	31.0g

▪ 糖分量 12.4%

◆ 製作方式

將材料裝入專用杯中，裝設至「杯型攪拌器 SM500A」上。按下開始鍵便會自動攪拌。自動停止以後取出杯子，放上發泡鮮奶油、巧克力醬和巧克力餅乾作為配料。

★義式咖啡糖漿

〈材料〉		糖分量
義式咖啡	100g	—
細砂糖	100g	100g
合計	200g	100g

▪ 糖分量 50.0%

◊咖啡巧克力香蕉（右）

〈材料〉		糖分量
冰塊	90g	—
義式咖啡糖漿	20g	10.0g
巧克力醬	20g	12.0g
新鮮香蕉	50g	11.0g
牛奶	70g	—
合計	250g	33.0g

▪ 糖分量 13.2%

◆ 製作方式

將材料裝入專用杯中，裝設至「杯型攪拌器 SM500A」上。按下開始鍵便會自動攪拌。自動停止以後取出杯子，放上發泡鮮奶油、巧克力醬和香蕉作為配料。

◊ 焦糖南瓜

〈材料〉

		糖分量
冰塊	80g	—
南瓜（水煮）	50g	6.5g
焦糖醬	30g	18.0g
牛奶	70g	—
糖漿	20g	12.0g
合計	250g	36.5g

▪ 糖分量 14.6%

◆ 製作方式

將材料裝入專用杯中，裝設至「杯型攪拌器 SM500A」上。按下開始鍵便會自動攪拌。自動停止以後取出杯子，放上發泡鮮奶油、食用南瓜籽、焦糖醬作為配料。

APPEALING POINT

重點就在於使用焦糖醬。南瓜添加了焦糖醬的味道以後，會成為孩子喜歡的口味。

百香果柑橘格蘭尼達

APPEALING POINT

將特徵是酸味的百香果與柳橙結合在一起，口中會是清爽的香氣。

〈材料〉		糖分量
冰塊	90g	—
柳橙汁	60g	6.0g
冷凍百香果果泥水果（解凍）	30g	3.9g
糖漿	35g	21.0g
安定劑	0.5g	—
水	35g	
合計	250.5g	30.9g

▪ 糖分量 12.3%

◆ 製作方式

將材料裝入專用杯中，裝設至「杯型攪拌器 SM500A」上。按下開始鍵便會自動攪拌。自動停止以後取出杯子。

◆◆◆◆◆

以凍飲機製作的
魅力十足食譜

◊杏仁格蘭尼提（右）

〈材料〉		糖分量
刨冰	120 g	—
杏仁醬★	50 g	22.2 g
合計	170 g	22.2 g

▪ 糖分量 13.1%

◆製作方式

將冰塊放入「凍飲機 SB-20N」上段容器裡，選擇「SLICE」功能，以容器盛裝削下來的刨冰。淋上杏仁醬，仔細攪拌均勻後盛裝在容器內，擠上發泡鮮奶油、放上枸杞作為裝飾。

★杏仁醬
（單次製作量）

〈材料〉		糖分量
杏仁霜	80g	—
細砂糖	400g	400g
牛奶	520g	—
合計	1000g	400g

（完成量 900 g）

▪ 糖分量 44.4%

※ 將上述材料以攪拌機混合均勻以後熬煮，注意不要燒焦。熬煮後再次以攪拌機打勻並靜置冷卻。

◊大吟釀酒之華格蘭尼提（左）

〈材料〉		糖分量
刨冰	120g	—
酒之華醬★	40g	26.8 g
牛奶	10 g	—
合計	170 g	26.8 g

▪ 糖分量 15.8%

◆製作方式

將冰塊放入「凍飲機 SB-20N」上段容器裡，選擇「SLICE」功能，以容器盛裝削下來的刨冰。淋上酒之華醬與牛奶，攪拌均勻後盛入容器當中。擠上發泡鮮奶油、放上黑豆與金箔作為裝飾。

★酒之華醬
（單次製作量）

〈材料〉		糖分量
酒粕	200g	—
細砂糖	600g	600g
水	200g	—
合計	1000g	600g

（完成量 900 g）

▪ 糖分量 66.7%

※ 將上述材料以攪拌機混合均勻以後熬煮，注意不要燒焦（使酒精揮發）。熬煮後再次以攪拌機打勻並靜置冷卻。

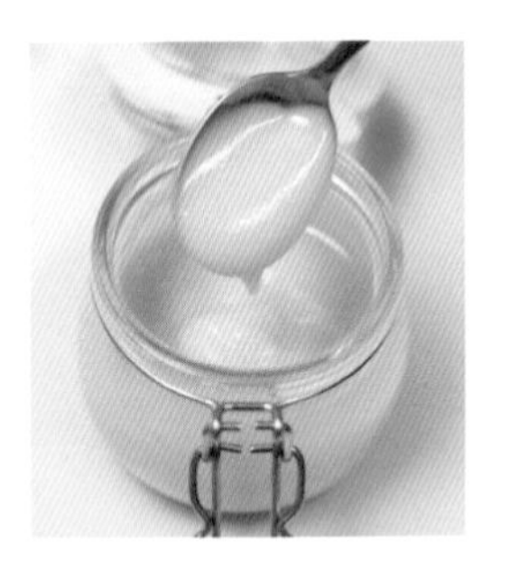

APPEALING POINT

將刨冰與醬料混合在一起，做成雪泥的狀態。冰塊會有一點點溶解，仔細攪拌能讓醬料的風味和甜度更加順口。

◊芒果 & 百香果格蘭尼提

〈材料〉

		糖分量
刨冰	120g	—
糖煮芒果 & 百香果★	50g	27.5g
合計	170g	27.5g

▪ 糖分量 16.2%

◆製作方式

將冰塊放入「凍飲機 SB-20N」上段容器裡，選擇「SLICE」功能，以容器盛裝削下來的刨冰。淋上糖煮芒果 & 百香果，攪拌以後盛裝至容器內，擠上發泡鮮奶油、放上糖煮芒果作為配料。

APPEALING POINT

芒果和百香果會有種熱帶風情。用來製作糖煮果醬的芒果塊，也可以拿來作為配料。

★糖煮芒果 & 百香果
（單次製作量）

〈材料〉

		糖分量
冷凍芒果果泥	200g	38g
冷凍塊狀芒果	200g	32g
冷凍百香果果泥	150g	19.5g
檸檬汁	50g	4.3g
細砂糖	400g	400g
合計	1000g	493.8g

（完成量 900 g）

▪ 糖分量 54.9%

※ 將所有材料放入鍋中，沸騰以後以小火熬煮 15 分鐘。

◇覆盆莓格蘭尼提

〈材料〉

		糖分量
刨冰	120g	—
覆盆莓醬★	50g	28.1g
合計	170g	28.1g

▪ 糖分量 16.5%

◆ 製作方式

將冰塊放入「凍飲機 SB-20N」上段容器裡，選擇「SLICE」功能，以容器盛裝削下來的刨冰。淋上覆盆莓醬，仔細攪拌均勻後盛裝至容器內，放上發泡鮮奶油、覆盆莓和薄荷葉作為裝飾。

★覆盆莓醬

（單次製作量）

〈材料〉

		糖分量
冷凍覆盆莓	520g	52.0g
檸檬汁	30g	2.6g
細砂糖	450g	450g
合計	1000g	504.6g

（完成量 900 g）

▪ 糖分量 56.1%

※ 將所有材料放入鍋中，沸騰以後以小火熬煮 15 分鐘。

APPEALING POINT

有著鮮艷紅色外觀的格蘭尼達。只要使用冷凍覆盆莓就能輕鬆製作。

◊血橙格蘭尼達

〈材料〉		糖分量
冷凍血橙果汁（解凍）	120g	13.2g
糖漿	40g	24.0g
檸檬汁	4g	0.3g
安定劑	1g	－
冰塊	135g	－
合計	300g	37.5g

▪ 糖分量 12.6%

◆ 製作方式

將冰塊放入「凍飲機 SB-20N」上段容器裡。把材料放入下段「瓶」中並裝設置機器上，按下按鈕進行攪拌。完成以後注入玻璃杯中。

APPEALING POINT

使用與一般柳橙汁口味相異的血橙。只要使用「凍飲機 SB-20N」，也可以用其他種類的果汁做出各種凍飲。

提供口味新鮮感十足的水果！

「ANDROS」是法國最具代表性的水果加工廠商。這次介紹的除了該公司冷凍水果果泥中的大眾化口味覆盆莓，還有椰子及荔枝。

日法貿易

ANDROS 冷凍水果果泥

ＡＮＤＲＯＳ誕生在法國西南部，以水果產地聞名的洛特省。１９１０年開始做堅果及水果的生意，之後產品受到消費者好評，被認為是品質相當高的水果加工產品。而此領導世界的水果加工廠的自信產品便是日法貿易ＭＯＮＩＮ所進口的「ＡＮＤＲＯＳ冷凍水果果泥」。

材料直接使用水果，不添加用來為原材料增添風味的添加物、色素及香料等。和水果農家簽約、同時也在自己公司的農園裡採收水果，長時間確保能夠獲得最佳品種及品質的水果。另外在採收最適當成熟度的大量水果以後，馬上送到最近的工廠進行一次加工，因此能夠維持水果的性質及品質。

冷凍水果果泥最大的特色，就是使用了大約90％、經過嚴格挑選的新鮮水果，因此相當具有鮮度感。分為加糖款與無糖款，包含覆盆莓在內共有26種口味。

「ＡＮＤＲＯＳ的冷凍水果果泥具有鮮度感、相當美味。非常適合用來製作水果風味濃醇、又可展現出其色彩的原創凍飲。」

（根岸　清）

椰子冰沙

材料（1人分）

ANDROS 椰子果泥 ……………………… 60 g
牛奶 …………………84mℓ
★糖漿 ………………35mℓ
安定劑（混合膠）…… 1 g
冰塊 ………………120 g

配料用

發泡鮮奶油 ……… 20 g
椰子片 ……………… 少許

製作方式

1 將冰塊、解凍的 ANDROS 椰子果泥、牛奶、糖漿、安定劑放入攪拌機攪拌。
2 將 1 的成品注入玻璃杯中，擠上發泡鮮奶油後灑上椰子片。

★糖漿使用的是水 400ml 加上細砂糖 600g 的 60% 糖漿

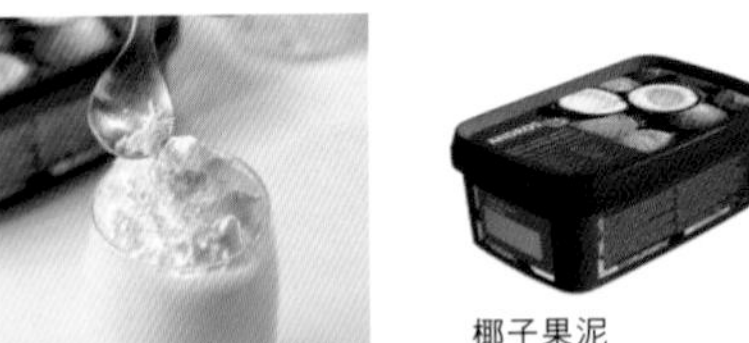

椰子果泥

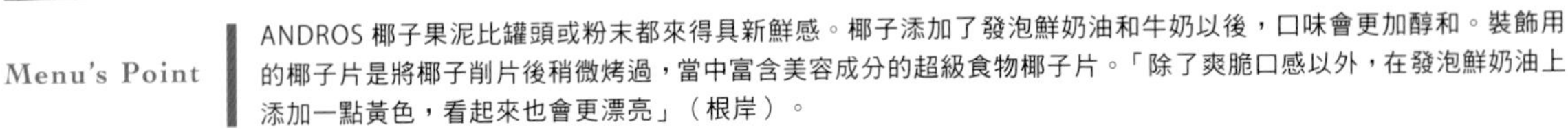
Menu's Point

ANDROS 椰子果泥比罐頭或粉末都來得具新鮮感。椰子添加了發泡鮮奶油和牛奶以後，口味會更加醇和。裝飾用的椰子片是將椰子削片後稍微烤過，當中富含美容成分的超級食物椰子片。「除了爽脆口感以外，在發泡鮮奶油上添加一點黃色，看起來也會更漂亮」（根岸）。

荔枝 & 覆盆莓冰沙

材料（1人分）

ANDROS 覆盆莓果泥 ……………………… 60 g
牛奶 …………………94㎖
★糖漿 ………………25㎖
安定劑（混合膠）…… 1 g
冰塊 ………………120 g

配料用

發泡鮮奶油 ………… 5 g
ANDROS 荔枝果泥 …· 20 g
薄荷 ………………… 1片

製作方式

1 將冰塊、解凍的ANDROS覆盆莓果泥、牛奶、糖漿、安定劑放入攪拌機攪拌。

2 將1的成品注入玻璃杯中，在上面添加ANDROS荔枝果泥之後，放上發泡鮮奶油及薄荷作為裝飾。

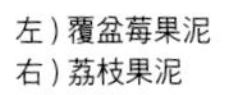

左）覆盆莓果泥
右）荔枝果泥

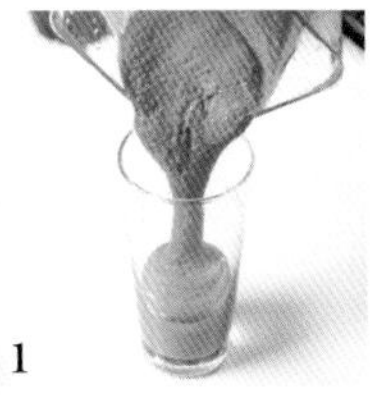

1

2

Menu's Point

在莓果類的水果當中，選擇有著鮮豔紅色的覆盆莓製作成的ANDROS覆盆莓果泥。和牛奶混合以後就會變成粉紅色、是女孩子會相當期待的飲品。「添加具備獨特風味的荔枝，打造出層次。一開始可以直接飲用，喝掉一半之後可以攪拌，就能享用不同口味。這樣能夠打造出不會過甜、爽口的亞洲風味」（根岸）。

お問い合わせ先／日法貿易株式会社　Tel:0120-003-092　www.nbkk.co.jp

代替後記 ~作者訪談~

——這次書籍當中請您製作了五花八門的凍飲。說起來您開始注意到凍飲的契機為何？

根岸 我去義大利拜訪的時候，在義大利冰淇淋店裡看見了類似刨冰的東西，他們販賣的是杯裝、直接飲用的「格蘭尼達」。甜度較低、而且使用新鮮水果來製作，所以喝起來相當清爽，我看到這個商品的時候，實在大為震撼。

——為何凍飲會受到大家矚目呢？

根岸 可以做出許多搭配組合，外觀上又非常五彩繽紛，能夠表現出自我。另外，在冰當中加入果汁，以這樣的狀態出餐，會覺得杯裡所有東西都是可以喝的，會很有滿足感。凍飲的滿足感，應該能給人幸福的感覺吧。添加鮮奶油或堅果等東西就能做成百匯的樣子，搭配穀片也能做成冰沙碗。是一種變化豐富的飲品。

——先前曾流行「早晨冰沙」，這個現象是怎麼來的呢？另外這有一種貴婦才會喝、一般人很難照做的印象……

根岸 所謂早晨冰沙，一般來說在美國是能夠輕鬆製作的早餐。只要把幾種冰凍的水果和牛奶、豆漿或優格放進攪拌機裡打一打就好了，是任何人都能輕鬆製作的美味健康飲品，這正是它的魅力。現在雖然有許多飲食文化進入日本，不過有很多在傳進來的時候發生了誤解，像冰沙的概念，就是大家在不知其原點的情況下進行生產消費，因此會覺得好像是很高級的東西。

——您喜歡的材料是？

根岸 最喜歡草莓了。在思考食譜的時候，也會對於那顏色、甜度、酸味、香氣綜合起來都相當高等的甘王毫無抵抗力。

——本書的凍飲當中，也有許多草莓等的莓果類呢。

根岸 我非常喜歡莓果類，還在自己的院子裡種了莓果。使用藍莓和覆盆莓的綜合莓果，被我命名為「森林莓果」。莓果類和百匯一樣能夠有許多組合，非常有魅力。

——這次製作凍飲專書，還請告訴大家您的感想。

根岸 食譜書雖然多，但是很少有書會教大家以美味狀態製作的重點，我的動機就是想打造這樣一本書。為了製作這本書，我嘗試了許多新的材料、在反覆的錯誤當中有了新的發現，覺得自己也學了不少。這本書只是一個參考標準，我認為讀者也可以自己嘗試各式各樣的材料。

——請告知您有印象的凍飲店家。

根岸　星巴克。星巴克在接待客人方面非常好，座位也很多樣化。餐飲業最重要的就是「能夠以五感來享受的店家」。雖然它是一間咖啡店，但是不喝咖啡的人也會去喝星冰樂，而且他們也會使用日本文化中的抹茶來製作；他們也思考出星冰樂這個專屬名稱，讓這個文化滲透到大眾之間，我覺得非常厲害。

——他們很早就前往本家義大利學習義式咖啡和義式冰淇淋的技術，也一直都在指導廚師和咖啡師。

根岸　說老實話我也曾經想過要開義式冰淇淋店家呢（笑）。我認為義式冰淇淋就是那種，完全不會有人討厭的甜點。畢竟組合搭配的種類也很多，而且也可以使用和風材料、做出原創性。要開一間店很簡單，然而要持續下去很難。因為我希望能有更多店家，所以後來選擇支持大家。

——您在工作的時候，最為重視的是什麼呢？

根岸　當然是打造一間清潔、安全又令人安心的店家。接下來關於餐飲的部分，最重要的就是希望客人感到「美味」。所謂美味是能夠給予感動與感激，這是最令人高興的。看見客人的笑容，能讓我感到非常幸福。

——您在工作的時候，曾有過什麼事情讓您覺得這工作真是太好了？

根岸　我原本就喜歡做、也喜歡吃，藉此能夠學習未知世界中的義式冰淇淋和咖啡（義式咖啡）。教導別人這些東西的時候，自己也能夠多加學習、獲得知識，然後正確傳達給別人。我認為自己很幸運。指導專家而對方感到開心，我也非常高興。學習這些沒有前輩的東西，然後為了教導別人而更深入研究。我每年都會前往義大利，提升自己的程度。

訪問者　久保田結夏

IGCC 代表
（Italian Gelato&Caffé Consulting）

根岸 清

1952 年出生於東京。自駒澤大學畢業後，進入 TK Surprise（股）（現（股）FMI 公司，以下簡稱 FMI）。1982 年向 Conti Govanni 學習製作義式冰淇淋的基礎，1984 年前往 Gelateria Bar Fontana（薩爾索馬焦雷泰爾梅 ※ 艾米利亞 - 羅曼尼亞地區）、Gelateria Anna（切薩諾馬代爾諾 ※ 米蘭郊外）、Gelateria Pizzolato（塞雷尼奧 ※ 米蘭郊外）實習。之後成為日本義式冰淇淋衛生協會委員及專任講師，進行授課指導，於 FMI 舉辦義式冰淇淋講座。每年在全國舉辦 30 場以上理論充實的義式冰淇淋講座。1994 年前往米蘭的店家學習咖啡師專業，回國後以專任講師身分，於 FMI 舉辦義式咖啡講座。1999 年獲得一般社團法人東京都食品衛生協會頒發食品衛生功勞獎；2002 年取得國際義大利咖啡品鑑學會（IIAC）品鑑員資格、義大利國家咖啡學院（INEI）認可咖啡師資格。具備日本咖啡師協會（JBA）理事、認可委員、日本特殊咖啡協會（SCAJ）咖啡師委員、日本義式冰淇淋協會（AGG）大師身分進行認可指導。2015 年 6 月 以 IGCC（Italian Geltato&Caffè Consulting／個人企業）身分獨立。目前仍積極收集分析海外資訊，進行講座及指導。2018 年完成著作「GELATO 義式冰淇淋開店指導教本」。

TITLE

能量凍飲開店指導教本

STAFF

出版　瑞昇文化事業股份有限公司
作者　根岸清
譯者　黃詩婷

總編輯　郭湘齡
責任編輯　張聿雯
文字編輯　徐承義
美術編輯　許菩真
排版　曾兆珩
製版　明宏彩色照相製版有限公司
印刷　龍岡數位文化股份有限公司

法律顧問　立勤國際法律事務所　黃沛聲律師
戶名　瑞昇文化事業股份有限公司
劃撥帳號　19598343
地址　新北市中和區景平路464巷2弄1-4號
電話　(02)2945-3191
傳真　(02)2945-3190
網址　www.rising-books.com.tw
Mail　deepblue@rising-books.com.tw

初版日期　2023年2月
定價　500元

ORIGINAL JAPANESE EDITION STAFF

撮影協力　株式会社フジマック　株式会社エピック
食材協力　日仏商事株式会社　日仏貿易株式会社
機器協力　株式会社中部コーポレーション

編集　亀高 斉
撮影　キミヒロ
　後藤弘行（旭屋出版）
デザイン　本田麻衣代（LILAC）
スタイリング　村松真記
編集協力　吉澤雅弘　細田泰隆
取材協力　久保田結夏　高橋晴美

國家圖書館出版品預行編目資料

能量凍飲開店指導教本：基本技術與多采多姿花樣/根岸清作；黃詩婷譯. -- 初版. -- 新北市：瑞昇文化事業股份有限公司, 2022.08
144面；20.7x28公分
譯自：フローズンドリンク教本：基本技術と多彩なバリエーション
ISBN 978-986-401-577-1(平裝)
1.CST: 飲料 2.CST: 食譜

427.16　109014631